习惯逃避

你在害怕什么

李国翠 ——— 著

图书在版编目（CIP）数据

习惯逃避：你在害怕什么 / 李国翠著 . —成都：天地出版社，2020.10（2024年11月重印）
ISBN 978-7-5455-5841-8

Ⅰ.①习… Ⅱ.①李… Ⅲ.①人格心理学—通俗读物 Ⅳ.①B848-49

中国版本图书馆CIP数据核字（2020）第138140号

XIGUAN TAOBI：NI ZAI HAIPA SHENME
习惯逃避：你在害怕什么

出 品 人	杨　政
作　　者	李国翠
责任编辑	孟令爽
封面设计	仙境设计
内文排版	麦莫瑞文化
责任印制	葛红梅

出版发行	天地出版社 （成都市锦江区三色路238号　邮政编码：610023） （北京市方庄芳群园3区3号　邮政编码：100078）
网　　址	http://www.tiandiph.com
电子邮箱	tianditg@163.com
经　　销	新华文轩出版传媒股份有限公司

印　　刷	捷鹰印刷（天津）有限公司
版　　次	2020年10月第1版
印　　次	2024年11月第27次印刷
开　　本	880mm×1230mm　1/32
印　　张	8.5
字　　数	160千字
定　　价	48.00元
书　　号	ISBN 978-7-5455-5841-8

版权所有◆违者必究

咨询电话：（028）86361282（总编室）
购书热线：（010）67693207（营销中心）

如有印装错误，请与本社联系调换。

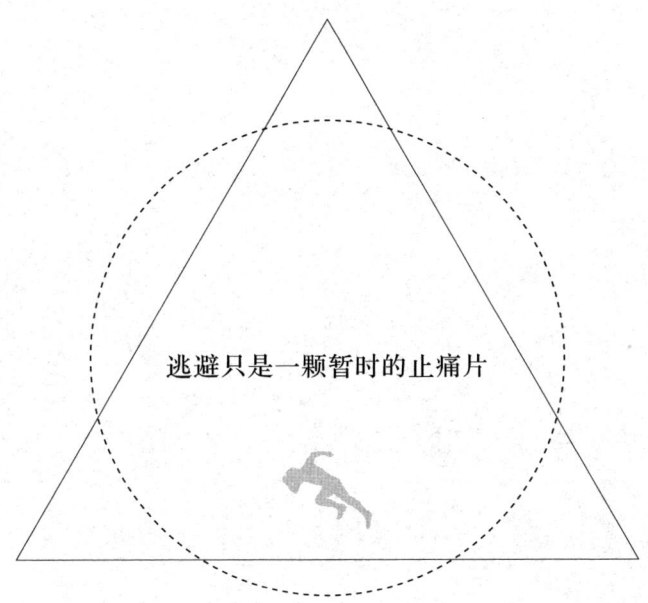

逃避只是一颗暂时的止痛片

自序
PREFACE

不知不觉间,我进入心理学这个领域已经18年了。与18年前相比,现在我的很多个性特征早已悄然发生了积极的变化。细想来,这些变化无不与我逐渐能够正视自己、越来越少地使用逃避的心理防御机制有关。

当年的我性格怯懦,心理承受能力极差,因此在生活中遇到困难我总会刻意逃避,这当然也与我的原生家庭的影响有关。总之,因为心理素质一直不是很好,而且多愁善感,所以我在同学中间甚至得了一个"林黛玉"的绰号。可想而知,当时的我有多么脆弱不堪。

幸运的是,这些年来在不断学习心理学知识的过程中,我的个性终于得以改变,我切实感受到了自己心理成长带来的变化。我逐渐无惧困难,而且能够直面并解决困难,从心底升腾起一种踏实、坦荡的成就感。

我开始相信,其实很多问题从来都没有自己想象中那么可怕，很多时候是我们对困难的恐惧情绪让我们裹足不前——我们被想象中的恐惧打败了。

我从一个心理学的学习者变成一个心理学的临床咨询医生后，每天都要接待大量被生活问题困扰的人。他们中的很多人的问题，跟我当初的困惑极其相似。

约翰·多恩说过："没有人是自成一体、与世隔绝的孤岛……每个人的死亡都是我的哀伤，因为我是人类的一员。"

人类的痛苦也是相通的。很多年前，弗洛伊德就把人类痛苦的机制揭示出来，并归纳总结为一种客观规律，并为其命名为"防御机制"。

什么是防御机制？心理学家唐纳德·梅尔泽对此有一句通俗而又简短的解释："一切防御机制，都是我们为逃避痛苦而向自己撒的谎。"

人类生命的主题，大多都与痛苦及挑战有关。人类会本能地启用防御机制去防御痛苦，尤其是当我们非常脆弱、非常渺小的时候。防御机制可以保护我们暂时活下去，但是长期使用防御机制的后果就是，防御机制会被固化下来，成为我们遇到困难时的一种本能且唯一的反应。这会大大限制我们生命可以延展的宽度，最终给我们带来新的痛苦。

我们通常讲的"了解自己"，很大程度上就是要了解自己的防御机制，了解自己当初回避了怎样的痛苦、麻烦、挑战，然后再去尝试面对自己曾经一味回避的东西，消除旧有模式，让自己回到可以自由选择的状态里。

当然，一个人不可能完全没有任何防御机制，而且防御机制并不都是消极的。但如果它给我们的生活造成了困扰，就意味着我们需要停下来感受一下：

一直以来，我们是不是在逃避什么？

那些我们所逃避的东西，是不是从未真正摆脱过？

我们不如尝试去面对它们。

从习惯逃避到刻意面对，既是一种思维的转变，又是一种人生态度的转变，更是一个重新打开世界的过程。

希望这本书可以帮助你成为更好的自己。

李国翠

目录
CONTENTS

PART 1 别做那只逃避的鸵鸟

你不解决问题,你就会成为问题____002

害怕失败的人,从一开始就输了____013

你的退让,是对方得寸进尺的温床____024

当爱情来临时,你在害怕什么____035

你一直渴望交流,却习惯被动沉默____047

如何摆脱受害者心态____059

你可以宅一阵子,但不能丧一辈子____069

PART 2 走出自我设限的牢笼

如何找到行动力＿＿080

你明明很优秀，却依然很自卑＿＿090

为什么你总觉得自己不配被爱＿＿102

信任是一种能力，也是一种选择＿＿115

看得见的是自卑，看不见的是关系＿＿121

"应该"——一座自我设限的牢笼＿＿125

生活不是战场，而是一段时光＿＿133

PART 3 最好的关系，是亲近地保持距离

为什么你总是构建别扭的关系____146

我们活成了巨人，却同时深陷"孤岛"____156

如何与善妒者和平相处____166

如何应对人际关系中的中伤____173

欺软怕硬背后的心理学____180

摆脱"控制"，找回真实的感受____187

人生需要靠自己成全____193

缺乏个人边界，活该被人欺负____198

PART 4 向内看的人,才是清醒的

向外看的人在做梦,向内看的人才是清醒的____208

没有一种人生叫作正确____217

控制不了情绪,何以控制人生____223

爱生气的人是怎么回事____231

我们是如何被抱怨一点点毁掉的____236

具备自爱能力,你才能享受爱情____241

习惯性否定别人,不过是缺乏自我____247

不回避悲伤,你才能更好地成长____254

PART 1

别做那只逃避的鸵鸟

厘清自己,你就厘清了一切。所有的逃避都是对自我的逃避,所有的不清楚都是对自我认识的不清楚。

你越能心平气和地表达自己的不同意见,你的意见就越可能被采纳,你也越可能得到别人的尊重。

/ 你不解决问题，你就会成为问题 /

现实生活中的你，是不是在表达意见或面对利益时，特别害怕与人发生冲突？为了避免与人发生冲突，你会刻意不发表自己的意见、主动牺牲自己的利益，以求与别人保持一致。但是如果你多次做出这样的行为，慢慢地，你就会在群体中丧失表达意见、争取利益的资格，别人也会不考虑你的感受，完全把你当成透明人。甚至当你被压榨得过分，仅仅产生那么一点表达意见或争取利益的意图时，都会遭到别人的拒绝或无视。

结果就是你在群体中被边缘化、无价值化。久而久之，你的境遇会比当初更加糟糕。你开始觉得难以忍受，直到有一天你提出了抗议，但这种抗议是以同他人发生剧烈的冲突表现出来的。最终你还是会以惨败收场，所有人都觉得你不可理喻。

然后你换了个环境，小心翼翼地试图融入新的群体，不敢和任何人发生冲突，不断地委曲求全，后来却又因为同他人发生了剧烈的冲突而和新的群体决裂。

最后，你变得有些害怕群体生活，或者你勉强在群体中生活，却总是显得格格不入。你活得很累，因为在群体中你不敢表达自己的不同意见，不敢和别人产生任何矛盾。你明明觉得别人说得不对，但是你害怕提出反对意见后，别人会不高兴，甚至会攻击你。为了避免与别人发生冲突，你整天迎合、讨好别人，唯恐别人不高兴或对你有意见。

这样的你活得好卑微！私下里你会问自己：还要不要继续这样活下去？为什么自己是这样一个人？你一次又一次地告诉自己：不能再这么卑微、怯懦地活下去。但是，第二天你又继续以之前的卑微方式生活。

表面的你和真实的你如此矛盾，这种矛盾让你整天严重内耗。你疲惫不堪,而且焦虑重重。

你到底应该怎么办?

你害怕发生人际冲突的根源在于,你认为人际冲突会给自己带来灾难性的影响,而这种灾难性的影响是你无法面对和应付的。其本质原因是,在年幼时期习得的害怕与父母发生冲突的模式的迁移。

在害怕冲突者的幼年亲子模式里,其父母对他们往往拥有绝对的控制权,父母让他们必须按照自己的要求做事、不准表达不同的意见。当不按照父母的要求做事或者提出异议时,他们就会遭到父母的严厉斥责或者暴力惩罚。久而久之,他们就会形成这样的认识:"表达不同意见是一件不被允许的事,它会带来灾难性的后果。"父母的管教行为直接导致孩子把表达不同意见与情绪里的恐惧进行了关联,所以孩子以后就自动习得了不敢表达不同意见的行为习惯,因为他们害怕自己一旦出现表达不同意见的行为,就会引来父母的惩罚。

在教育孩子的过程中,有些父母还会给孩子不按照其要求做事、提出不同的意见赋予非常糟糕的含义。当孩子对父母的要求提出异议时,父母会告诉孩子,孩子这么做是不够好的表现。比如,有些父母会说:"你不够乖。""你不是个好孩子。""你不满足妈妈的要求,妈妈不爱你了。""你怎么这么差劲!""父母让你怎么做,你就怎么做!""谁让你顶嘴了?不准顶嘴!"

父母用"如果孩子不按照自己的要求做或提出反对意见,就威胁孩子会失去他们的爱"的方式,强迫孩子按照他们的要求做事。这样一来,孩子就会把"表达不同的意见"和"自己不够好""丧失爱""被惩罚"等信息进行关联,所以等孩子长大后,一旦遇到自己与别人的意见不一致、可能产生人际冲突的情况时,他就会极力选择逃避冲突。

害怕与别人发生冲突的人,本质上是害怕面对自己,以及害怕别人对自己有不好的评价。他们认为在人际交往中不应该惹别人生气,如果让别人不开心或让别人对自己产生敌意,那么一定是因为自己做得不够好。

很多害怕与人发生冲突者的父母，往往也具有相似的行为模式。在他们的内心里，与人发生冲突是一件容易让自己产生严重焦虑和无法应对的事情，人际关系不和谐会让他们极度不安。这种父母一般具有低自尊的性格特点，即自我价值感极低，把别人的评价看得过于重要。毫不夸张地说，他们几乎是活在别人的评价里。他们把自己的价值建立在获得别人认可的基础上，因此在与别人相处时无法做到心理上的平等。他们在潜意识里总认为自己低人一等，为人处世时有讨好别人的倾向。

在这种低自尊家庭环境里长大的孩子，从小耳濡目染，习得跟父母同样的行为模式，他们把父母低自尊的评价纳入自我的评价体系里，认为跟人发生冲突是件风险极大的事情。他们认为，在人际关系中最重要的是维持和谐，而不是正确表达自己的意见、合理维护自己的权益。

从长远来看，父母的这种行为模式对孩子的影响很糟糕。这类父母内心往往会产生许多纠结与怨恨——认为自己付出了很多，但别人并不领情。这种纠结与怨恨也会内化到孩子的行为模式里，使他们养成一种非常别扭的生存习惯，即表面看起来往往都是老好人，与世无争，但背地里他们感觉并不舒服，因此长期处于一种心理失衡的状态。

还有一种影响更坏的行为，在外面不敢与别人发生冲突的父母，往往会在家里对孩子提出各种出格的要求。因为他们在外面无法正常表达自己的诉求、获得别人的认可和尊重，所以他们就会把这种诉求放在自己的孩子身上，让孩子必须听自己的话，在孩子身上寻找自己在外面找不到的心理满足——以"我在外面事事听别人的，所以在家你就必须听我的"作为补偿。但是，他们意识不到这样做带来的坏处。

我经常遇到这样的案例。在外面唯唯诺诺的父亲，一回家马上就换成另外一副面孔，变成一个专制的"暴君"，要求妻子和孩子必须什么事都听他的。一旦事与愿违，他就开始指责、打骂妻子和孩子。

这种模式就是把在外面需要面对和解决的冲突转移到了家里。因为他们在外面不敢面对冲突，久而久之，他们的内心积压了过多的负面能量，为保持自己身心的平衡，他们只有在家里发泄，同时也把恐惧传递到自己最亲近的人身上。

还有一类父母，尤其是母亲，把控制孩子当成自己的人生要务。这类母亲在夫妻感情中往往长期扮演受害者的角色，所以就想控制自己的孩子，要求孩子必须对自己言听计从，她们从对孩子的控制中获得满足。

幼年的孩子没有是非观念，为了让父母开心，就会围绕父母的需求构建自己的行为。他们会特别在乎父母的心情，并且会承担起照顾父母情绪的责任。一旦父母表现出情绪不好或对他们不满的倾向，他们就会极度自责和恐惧，认为是因为自己不够好，所以才让父母不开心。

很多父母意识不到自己这样做对孩子会造成很大的伤害。他们在工作和生活中存在很多需要解决的问题，因此，他们根本没有精力意识到其他关于孩子的问题。他们本身就被生活中解决不了的事件或问题所困扰，没有反省自身问题的能力，因此不可避免地就把孩子带入了问题的旋涡。

5

相信很多害怕与人发生冲突的人对此都深有体会：当你害怕与人发生冲突时，冲突非但不会消失，反而会更多；你越逃避冲突，冲突来得越快。

在人际交往中，大多数人本来就有一种扩张自己边界的意识，当你表现出害怕冲突、以别人的需求为中心时，别人就会趁机扩张他们的边界，直到蚕食掉你所有的地盘。尤其是那些居心叵测的人，他们需要依靠扩张自己的边界来获得心理上的优越感和价值感，而你的退缩恰恰助长了他们的这种嚣张气焰。他们这种行为的极端表现就是欺负和霸凌。

很多情况下，霸凌事件中的受害者往往都是那些害怕与人发生冲突，刻意回避冲突的人。霸凌者正是因为看穿了受害者在面临冲突时存在严重的自责倾向和恐惧倾向，所以他们在欺负对方时才肆意妄为。因为很多受害者的归因和内心语言往往都是"因为自己不好，所以才会被人欺负"。

所以你越表现出害怕冲突，越会招惹到那些擅长制造冲突，进而从你身上抢夺心理能量的人。

当然，人际冲突是人际关系的常态。每个人都有自己独特的基因、独特的成长环境，这决定了每个人在面对问题时都会有自己独特的看法。人们在看法和行为上不一致是一种正常的现象，当你表达自己的合理意见和需求时，也会得到别人的理解，因为每个人都有权利表达自己的看法，这种权利是正当的。

但是一个害怕冲突的人对人际冲突的认识存在严重偏差，当他把表达不同意见和自己将感到恐惧、受到惩罚等感受联系起来，把别人的不满跟自己不够好联系起来时，就会强迫自己压抑自己的真实想法或意见。但这些不同的想法或意见并不会因为受到压制就消失，它们会一直存在，甚至比原来更强烈，这样就会导致害怕冲突者陷入严重的心理冲突中。当内心的冲突愈演愈烈，他们无法控制时，就会外化为和别人的严重冲突。

所以，逃避冲突最终并不会解决冲突，反而会引来更严重的内心冲突，最终导致与别人发生冲突。

一个人在群体中的价值跟他自身的能力有关，而不是跟讨好别人有关。害怕冲突的人之所以会有无意识地讨好别人的倾向，是因为他们以为只要跟别人保持和谐关系，无原则地听别人的话，别人就会喜欢他们。这其实是个认知误区，人们不会尊重一个毫无主见、胆小懦弱的人。这样的人在群体中往往得不到重视，反而会被认为是缺乏能力的人。

久而久之，即使你有能力，但因为你不敢表达，别人也不会认可你，于是你在群体中会慢慢变得毫无地位，甚至得不到最基本的尊重，最后导致的结局就是：你越害怕什么，就越会发生什么。

如果你不解决问题，你就会成为问题。

由此可见，一个人之所以害怕人际冲突，是因为他对人际冲突有很多不合理的认识。想要改变害怕与人发生冲突的心理模式，必须更正自己内心关于人际冲突的错误认知。

首先，我们要知道合理表达自己的不同意见和看法是每个人都拥有的权利，这不代表你对另一方心存敌意。一个人之所以将发表不同意见和敌意联系起来，是因为早年他的父母给这种发表不同意见的行为贴上了敌意的标签，但这是一个错误的标签。

其次，人际交往中本来就充斥着不同意见、观点的碰撞，大家可以求同存异，在冲突中寻找到一种适合彼此的动态平衡。这样既可以守住自己的意见、观点，又可以做出适当的妥协来与别人互动，最终取得一个折中的交流模式。在这种模式中双方均感到舒服，相互尊重且能够接受彼此的不同意见。

所以不要害怕出现人际冲突，因为它是完全可以被化解的。健康的人际关系里不是没有冲突，而是大家都认为人际冲突是很正常的一种存在。

我们需要做的是提升自己正确表达不同意见的能力，把表达不同意见和由此带来的情绪分离开来。一个人之所以在表达意见时会引发很多情绪，比如敌意或攻击，是因为他在潜意识里认为：表达不同意见是一种敌意的表示，会带来风险，对方首先会接收到这种情绪，而不是信息。所以这种被感受到的敌意就会引发新的敌意、新的情绪，最终导致双方真的会因为表达不同意见而爆发冲突。

事实上，意见就是意见，情绪就是情绪。所谓"不带敌意的坚决"，就是指我们在表达不同意见时要善于觉察自己是否带着情绪，反思自己为什么会有情绪，要学会把情绪和意见分离开来，心平气和地表达意见。很多人在表达意见时在潜意识里携带了敌意，表面上是在表达不同意见，但实际上却是在传递冲突信号，最后就真的造成了冲突。

厘清自己，你就厘清了一切。所有的逃避都是对自我的逃避，所有的不清楚都是对自我认识的不清楚。

你越能心平气和地表达自己的不同意见，你的意见就越可能被采纳，你也越可能得到别人的尊重。

/ 害怕失败的人,从一开始就输了 /

朋友来找我倾诉,最近他们单位有一次晋升的机会,从工作能力看,他是几名候选人中排名比较靠前的一个。但他总是感觉很紧张,压力巨大,以致最近他一直失眠,白天也忧心忡忡,提不起精神,注意力有些涣散。

实际上,为了得到这次晋升机会,他已经在现在的岗位上努力耕耘了三年,每年的工作业绩都非常好。但我这个朋友有个缺点:容易紧张,尤其在面对自己喜欢的人或事物时,他容易变得患得患失、焦虑、自卑。因此,他经常眼睁睁地看着自己错过机会。

上大学的时候,他曾经心仪同班一个女孩。这个女孩对他也颇有好感,但他就是不敢捅破那层窗户纸,大大方方地追求人家,只是一直和人家保持着暧昧关系。这时恰好有另外一个喜欢这个女孩的男生"乘虚而入",男生每天对女孩嘘寒问暖,大胆地追求女孩,结果女孩就和这个男生谈起了恋爱。

我的朋友痛不欲生,但无论做什么都于事无补了,于是他在感情上留下了一个很大的遗憾。这十几年来,我见证了他好几次类似的经历。

做心理咨询师这么多年,在临床咨询中,我经常碰到这样的案例:

很多应届毕业生在找工作面试的时候容易紧张,以致面试结果不理想。如果这次面试结果不理想,他们在下一次面试时就会更加紧张,慢慢地形成恶性循环,导致自己的压力越来越大,最后错过很多不错的就业机会。

还有一些公司的高级白领，在做工作汇报时特别容易紧张，导致结果总是达不到自己的预期，甚至常常把工作汇报搞砸，但实际上他们的工作能力很强，可获得的职位和他们的付出总是不太相符，让人觉得十分屈才。

但事实的真相真的是这样的吗？

很多时候，我们都会想当然地认为所有人都会追求爱、追求成功、追求幸福，但在给很多来访者做咨询的过程中，我发现在面对自己喜欢的人或事物时，不同的人会被激发出不同的情感。

有些人会被激发出比较积极愉快的正面情绪，他们会觉得很开心、很幸福，会想象自己的愿望得到满足时那种幸福的体验和感觉。这些积极的想象会进一步推动他们去靠近自己喜欢的人或事物，最终促成一个良好的结果：他们实现了自己的愿望，如愿以偿地过上了自己想要的生活。

然而，还有些人在面对自己喜欢的人或事物时，会被激发出紧张、焦虑等负面情绪，他们甚至会让自己进入应激状态，陷入持久的焦虑和担心中，似乎他们喜欢的人或事物非但没有给他们带来愉悦，反而带来了压力和挑战。他们也确实容易表现出像面对一种压力或应对一个挑战的状态，去靠近自己喜欢的人或事物。有时候这种压力和挑战让他们很难受，导致他们在最后关头退缩了，没有勇气去面对。最后的结果也很可能是负面的：最终他们错过了自己喜欢的人或事物。

3

这两种人的不同表现，在心理学研究中并不陌生。20世纪60年代，美国心理学家阿特金森就提出了著名的成就动机理论。阿特金森经研究发现：按照成就动机的不同，人类可以被划分为"避免失败"和"追求成功"两类。

对于"避免失败"的人来说，做事的主要动机就是避免失败。因此这些人会极力逃避生活中的风险，努力让自己活得安全。

而对于"追求成功"的人来说，做事的主要动机就是追求成功。因此这类人不害怕冒险，致力于获得自己想要的东西，并能调动自己的潜力全力以赴。

简而言之，持有不同信念的人做事的逻辑不一样，人生的底色就不一样，从而构筑的人生脚本的主题、色调也不一样，因此人生的动力就会完全不同。

对于"避免失败"的人来说，因为他们致力于活得安全，所以总是盯着生活中那些可能会让自己遭受危险的东西或负面的东西，他们的精力主要用于保护自己。可想而知，他们过的是一种充满防御感的生活，他们的能量似乎都是向内收敛的状态。

而对于"追求成功"的人来说，他们努力追求自己想要的东西，不在乎失败或付出。那些他们想要的东西会让他们兴奋，让他们保持锐意进取的激情，他们的能量都是向外扩张的状态。

我在上文中提到的那位朋友，就是"避免失败"人群中的典型代表。面对自己喜欢的人或事物，从表面上看，他都想得到，但实际在潜意识层面他想要的并不是这些。

有些人的潜意识和表面意识比较一致，有些人的则不一致，甚至相反，表面意识想得到某个东西，但潜意识想得到的是别的东西，比如不能失败、获得认可和接纳。因此，他们也就不可能实现自己的愿望，比如得到一份渴望的工作、拥有一段美好的感情。

那么,我们在面对自己喜欢的东西时,会受到哪些潜意识的限制呢?

(1)我注定不可能得到自己喜欢的东西

一个人因为从小到大得到自己喜欢的东西次数太少,或者从未得到过自己喜欢的东西,甚至曾经因为追求自己喜欢的东西而遭受过挫折,所以就容易在潜意识里留下这样的信念。

我的一位来访者说,在他小时候,他喜欢的东西经常会被母亲毫不留情地没收。长大以后,每次面对自己喜欢的东西时,他的内心就会产生一种绝望感:不仅觉得自己不可以得到那些东西,甚至会觉得自己应该主动远离那些东西。因为他总觉得既然不能享受它,那就尽早远离它。

一个内心认为自己注定得不到自己想要的东西的人,会容易认为这个世界是注定要让人失望的,从而冷眼看待人生。他们内心的热情和动力已完全被浇灭,活成了人生的旁观者，而不是参与者，更遑论创造自己的人生。

（2）我不配得到自己喜欢的东西

总是在"被贬低"中长大的人，容易认同自己早年被贬低的个人评价，认为自己很差，不配得到自己喜欢的东西。他们内心深处潜藏着巨大的羞耻感，认为自己配不上喜欢的东西。他们总是自惭形秽、退缩和紧张，遇事容易手足无措。

在找工作面试时容易紧张焦虑的人，大多属于这类人。面对自己喜欢的人或事物，他们总是担心自己会因表现不好而被嫌弃，或者被厌恶，无法自如地把他们对所爱之人或所爱之物的爱意和热情表达出来。

这可能是因为他们早年在爱着父母时总是不被父母接纳，或者总是被父母嫌弃。久而久之，他们在面对自己喜欢的人或事物时就形成了这样一种状态：一旦靠近他们，就害怕被嫌弃、被厌恶、被拒绝。他们的关注点因此就变成了如何避免被嫌弃、被厌恶、被拒绝，而不是大胆地表达自己的爱意、热情、诚意，以及信心。

总之，他们不再信任自己，不再相信自己可以配得上喜欢的一切。而是希望别人（比如面试官）会根据他们的表现给予他们某种认可，就像他们的父母曾经剥夺了他们信任自己的权利，把他们是否值得信任把持在自己手上，而他们每次都需要战战兢兢地去寻求认可一样。

可是，面试官怎么会选择一个连自己都不相信的求职者呢？

话又说回来，我的朋友在大学期间虽然喜欢那个女孩，但是他在潜意识中追求的是获得值得被爱的认可，根本没有精力去考虑那个女孩的感受。他想让那个女孩给他更多的认可和勇气，甚至主动接纳他，这种想法和做法让他错过了这份感情。这种结果不过又一次印证了他的潜意识：我不好，不配得到自己想要的东西。

（3）我不能失败

我的朋友之所以在人生重大关头会紧张焦虑、患得患失，是因为他太害怕失败，太害怕得不到自己想要的东西，他的关注点全部聚焦在风险和可能出现的负面结果上面。他很想去控制这个结果，结果却被自己内心的恐惧控制了，从而导致自己一次次地发挥失常。

像他这样的人，阻碍他成功的潜意识信念就是：我不能失败。

在他从小接受的教育中，父母对他的犯错行为很难谅解，导致他认为犯错是很严重的事情，让他从小对犯错产生了一种强烈的恐惧情绪。在长大后，他面临很多具有挑战性的事情时，总是把自己限制在一个安全的小范围里，"宁肯不做，也不能犯错"，结果会因压力过大而错失机会。

人生是一场修行，越害怕失败的人，越容易活在挫败中，只有放下对失败的恐惧，破除潜意识里的限制性信念，才有机会获得成功。

（4）我很难得到自己想要的东西

还有一些人会把得到自己想要的东西这件事想得很难，他们心中常常充斥着大量的限制性信念。

我的一位来访者最近想换一份工作，可是他已经40多岁了，正面临着来自年龄的压力。令他郁闷的是，似乎周围的环境也在强调这一点，40多岁的年龄实在不占优势。

我们如果认同这种限制，就可能让自己选择认命，告诫自己不要再瞎折腾了，或者认同得到自己想要的东西很难这种观念,等等。

但实际上真的是这样的吗?

褚时健74岁时承包荒山种橙子,开始第二次创业。当时他身患糖尿病,还在保外就医,绝大多数人都认为他的人生就这样了,不可能再有翻盘的机会。但是褚时健的与众不同之处就在于:他并没有被这些庸常的认识所限制。最后就像大家看到的那样,在人生的暮年,他缔造了"褚橙"的商业神话。

但是在我看来这不是奇迹,而是他没有被周围的限制性信念束缚,因此才活出了不受限的人生。所以,你如果真的下定决心做一件事,就很有可能实现它。但是如果从一开始连你自己都不相信自己能够做到,你就无法调动自己的潜能,因为在你的眼中看到的全是障碍。

5

人生是一个自我预言的过程,大量实践表明:你选择相信什么,你就有可能得到什么。

不相信"爱很简单"的人,就会把爱的历程搞得曲折反复，最终只能得到那么一点点爱，他们认为这样得到的爱才是真爱。

相信"挣钱很难，钱是省出来的"的人，就会把大量的精力用在节约上，在勤俭节约的行为中找到自己的成就感。

对此，巴菲特给出了非常犀利的评价：一旦你有了省钱的脑子，就不会有精力培养一个挣钱的脑袋。所以，你穷得很稳定！

是的，你会怎么想，你就会怎么做，把精力投入你所想的方面，最后就会收获所想的现实。

我们唯有先觉察出自己的限制性信念，时刻观察自己、校正自己，才能真正获得成长。

同时，在面对自己的子女时，我们也应该经常提醒自己，不要总是打击孩子的积极性，而是要去鼓励他们、信任他们，让他们从小建立这样一种信念：只要我愿意，只要我努力，得到我喜欢的东西就没那么难。

面对自己喜欢的东西，我们要大胆追求，不要缩手缩脚，害怕失败。

/ 你的退让,是对方得寸进尺的温床 /

有一次,我跟妈妈去医院探望身患癌症、正在接受化疗的表姨。

我坐在病床边,60多岁的表姨一直一副愁眉苦脸、可怜兮兮的样子。通过听妈妈和她聊天,我才知道她这一辈子过得有多隐忍。

在她小时候,因为父母重男轻女,她被迫早早放弃学业,每天在家里帮大人干农活,虽然心有不甘,但从来不敢反抗;在长大结婚后,她的丈夫酗酒,常常很晚回家,她凭一己之力抚育孩子；平时，邻居、亲戚找她借钱，她总是把自己省吃俭用积攒的钱借给他们，不少人借钱后久久不还，她也不敢催要；前不久，儿子让她帮忙照看小孙子，她就搬过去和儿子、儿媳妇一起住，可儿媳妇一不开心，她就得搬出来……

从医院出来后，我妈感叹道："她老是忍着，为别人付出太多。明明自己心里不好受，但她就是不说。我就觉得她肯定会憋出病来，结果真的如此。"

可能很多人会认为，心理问题只会影响一个人一时的状态，不一定会伤身。但事实上，习惯性地忍气吞声真的能让自己憋出病来。

这类习惯忍气吞声的人的性格，在心理学上被称为C型性格，即癌症性格（C取自cancer的首字母）。研究表明，拥有C型性格的人肿瘤发病率比一般人高三倍以上。

那么，C型性格到底是一种什么样的性格？

有四个字可以用来描述C型性格的人的典型表现：忍气吞

声——用"忍气"来处理情绪,用"吞声"来处理关系。

关于"吞声",C型性格的人往往有两种表现。

第一,缺乏自我表达。因为无法对外表达自己正常的需求和感受,他们成为被动接受、压抑封闭的"闷葫芦",总是随波逐流,不敢袒露自己内心真实的想法。

在C型性格的人的成长过程中,他们是不被允许表达自己的感受的,他们的需求往往也得不到重视。如果一个人曾经因为表达自我而引发了一些冲突,进而受到严厉的惩罚,那么他提出正常的需求和维护自己感受的能力就会被压制,从而形成不表达、不敢发生冲突的性格。

在表姨的成长过程中,她的父母从不允许她在家里表达自己的正常需求。她父母的口头禅是:"敢顶嘴,看我不撕烂你的嘴!""敢反驳,看我不拍死你!"

表姨在家里是不被重视的人。她的父母要求她必须照顾弟弟,不能跟弟弟发生冲突,不能让弟弟不开心,如果哄不好弟弟,他们就会找她算账。所以,表姨就形成了这种无法表达自我、特别能忍让的性格。

但不表达并不代表C型性格的人真的无主张、无思想。相反,他们是有自己的想法和意见的,只是他们无法通过正常途径去表达自己的想法和意见，从而使内心越来越压抑。就像我表姨一样，她大概从来没有过"按照自己的感受生活""成功处理人际冲突"的经验，于是她把自己的欲望和诉求打包起来，一口吞掉。

第二，C型性格的人为了维持和谐的人际关系，一味地选择逃避，一味地选择退缩、忍让，所以他们成为逆来顺受、无法进行自我保护的"受气包儿"。

除了无法向别人表达感受和需求，在别人提出过分的要求时，C型性格的人还很难做到拒绝。这点在表姨的身上体现得也很明显：别人欠钱不还，她不敢去催要，而是选择忍耐；面对儿媳妇的无理要求时，她不敢据理力争、合理反击。在这一切的背后，是她深深的无力感和惶恐，她害怕自己据理力争之后破坏了原本看起来和谐的关系。她无法在人际交往中照顾自己的感受，甚至认为不需要照顾自己的感受，相反，为了维护人际关系，她会压抑自己，非常看重别人的感受，最终使自己在晚年落到这样悲凉的境地。

毕竟从小到大，不仅没人告诉表姨，她自己的感受同样是很重要的，是需要被尊重和维护的，而且在她试图去尊重、维护自己的感受时，别人却表示如果她这样做，就会受到狠狠的惩罚,所以她的内心对维护自己感受的行为积存了太多的恐惧感。她只能被迫选择逆来顺受,渐渐地,她变得毫无主见,甚至陷入被别人任意摆布的境地。

很多C型性格的人以为自己可以通过"逆来顺受"的做法来维护自己的人际关系,但事实上,这种关系中充斥了太多的不平等、压抑和不真实性,所以C型性格的人其实很难建立起健康的人际关系。渐渐地,他们成为没有存在感、个人边界总是遭到侵犯的"软柿子"……无论是无法表达自我,还是无法拒绝别人的侵犯,他们这些"吞声"行为酝酿出了强烈的被压抑的负面情绪,进一步导致了"忍气"行为的发生。

C型性格的人外表往往都是一副老实人的形象。作为一个老实人,最大的困难便是难以维护自己的感受,他们对别人的要求和侵犯无法拒绝和反击。C型性格的人与不争不抢、内心坦然的性格的人不同,他们在老实人的面具下,往往压抑了很多愤怒。这些被压抑的愤怒由于长期没有得到有效的处理和释放，会导致C型性格的人内心强烈失衡，对自己和他人充满怨恨。

就像我的表姨，面对重男轻女的父母、酗酒的丈夫、欠债不还的邻居亲戚、飞扬跋扈的儿媳妇，虽然从表面看上去她若无其事，但其实她的内心早已痛苦不堪。所有的怨恨和常年的不满堆积在她的心里，时刻折磨着她。表姨没有能力去表达不满或者提出抗议、提出自己的正常诉求，有的时候她还会生闷气，认为是因为自己不好，才导致别人都这么对待她，甚至她还会把这一切的不幸归罪于命运——都是自己命苦。

C型性格的人内在情绪波浪滔天，外在情绪却假装风轻云淡。他们一味地压抑着自己的感受，却还在时时考虑着别人的感受，殊不知怨恨、愤怒和自我攻击轮番上阵，早已在消耗着他们的心力、折磨着他们的身体。

C型性格的人表面看起来跟谁关系都很好，但这种"好关系"是以单方面满足别人的需求维持的，并不是一种健康、真实的关系。所以，他们在维护关系方面本就已经很费力了，更别提真实地表达自己的想法了。这样做导致的结果就是：他们默默承担着所有压力、隐忍着很多委屈，却从不懂得向外求助，长此以往，就容易陷入孤立无援的状态。

4

除了畸形的关系，阻止C型性格的人去寻求支援的还有另外一个障碍，C型性格的人不怕别人麻烦自己，但很怕自己麻烦别人。他们会觉得向别人倾诉、求助是麻烦别人，这样做会让他们很不安，这背后其实是他们深深的低价值感。也许他们也曾试图麻烦别人、寻求别人的理解和帮助，却被别人狠狠地拒绝或指责过。

表姨直到生了重病，躺在病床上孤立无援，在我妈多次询问之后，她才流着眼泪断断续续地说出了自己内心压抑的委屈——这算是一次发泄，只是发泄来得太晚了……

很多像表姨一样具有C型性格的人，当心里感到愤怒时，他们选择了隐忍。慢慢地，因为隐忍产生的愤怒情绪就转变为抑郁、绝望，让他们陷入无力抗衡的境地，最终形成恶性循环。愤怒、抑郁、绝望、无助，若常年被这些情绪侵扰，那他们的健康很难不受影响。

总之，"忍气吞声"这种看上去并不起眼的行为，其后果却非常严重，甚至等同于慢性自杀。

如果身体是一种语言，它似乎在通过疾病大声呐喊："请照顾一下我！请多看我一眼！请爱我多一点儿！请顾及我多一点儿！"而这些正是C型性格的人被压抑在内心无法表达出来的话语。内心无法被正常表达出来的委屈和愤怒，最终只会通过身体来进行强制表达。

癌症（肿瘤）正是被压抑的委屈和愤怒的扭曲表达。

对于一个C型性格的人来说，最重要的议题可能是学会健康地发出自己的攻击，不再压抑自己。

弗洛伊德说：性和攻击性是人类行为的两大基本动力。拥有健康的攻击性是我们活着的根本，也是我们的活力和健康的源泉。

要想拥有健康的攻击性，首先需要维护自己的感受、学会表达自己的感受。我们天生就具备维护自己感受的能力，如果一个人不仅不能维护自己的感受，还过度考虑别人的感受，就可能意味着他早年有过一些特殊经历，进而导致他形成了一些错误认知：维护自己的感受就会伤害别人，而伤害别人就会遭到别人的报复或面临关系的破裂。

其实真实情况是：一个人合理地维护自己的感受并不会伤害别人，也不会面临健康关系的破裂，除非他构建的关系本来就是索取型或剥削型的。当然，对于一段索取型或剥削型的关系，就更不必害怕失去或者破裂，因为这样的关系并不值得维护。只有允许不健康的关系终结，才能建立起健康的关系。

不敢维护自己感受的人，往往认为只有自己忍让、妥协才能交换到和谐的关系，这是对和谐关系的一种误解。持有这种观点的人看不到自己的价值，也不认为自己有被别人尊重的权利，他们往往会高看别人的价值和感受。要知道，低看自己本身就是对自己的一种攻击。

C型性格以及具有C型性格倾向的人，要勇于在一段关系中表达并维护自己的感受，也就是我们常说的爱自己。如果你不爱自己，总是让自己受委屈，那就别怪"肿瘤君"找上门来。

拥有健康的攻击性，还需要做到拒绝生闷气、拒绝压抑情绪。生闷气在本质上是对自己进行攻击，在外面受到了侵犯，或者在一段关系中受到了委屈，或者在很多事情上不敢表达自己的观点，从而压抑自己的情绪。如果负面情绪得不到及时的处理和宣泄，就会对自己进行惩罚，表现出生闷气的行为。

生闷气，一方面是对别人产生愤怒。

"你怎么可以这样对我？！"

"你怎么可以这样无理？！"

"你就不能照顾一下我的感受吗？！"

……

之所以会有这样的想法，是因为生闷气的人认为别人也应该像他一样去照顾对方的感受。

遗憾的是，在人际关系中，我们根本无法控制别人的行为，但我们必须对自己的感受负责。别人有做出任何行为的权利，但是如果他的行为伤害了你，你是有保护自己的权利的。所以，生别人的气没有意义，你需要做的是把精力用在维护、照顾自己的感受上，当你懂得爱自己后，自然就很少生闷气了。

生闷气，另一方面是对自己产生愤怒。

当一个人的攻击性无法对外表现出来时，他就会转而向内攻击自己：觉得自己没用，因此变得抑郁。通俗点儿说，就是一个人通过自己打自己的方式来缓解别人对自己的攻击的压力。我们需要了解，我们对自己产生攻击性，可能是因为我们内心住着一个不敢反击、胆怯懦弱的小孩。这个小孩一直认为自己是无力的，看不到自己有价值的一面，所以当他遭到攻击时，只会用攻击自己这种自虐的方式来缓解压力。

你需要告诉自己内心的小孩，别再自虐了，你会永远保护他、维护他，再也不会让他生闷气。如果他不高兴，你就会大声地表达出来。

爱是治愈一切的良药。

对于C型性格的人来说，爱自己就是要学会维护自己，把自己看得重要一些，再重要一些，同时要学会敢于表达自己的观点和情绪，因为外界没有你想象的那么可怕。

所以，请别再忍气吞声，尊重自己，趁现在还来得及。

/ 当爱情来临时，你在害怕什么 /

在社会中有很多人存在这样一种障碍：总是不能与心仪的人建立亲密关系。他们或许有一个伴侣，但是他们内心知道，这个伴侣并非自己心中所爱，因为他们无法跟自己真正心仪的人相处，所以只能退而求其次地选择了与另外一个人相伴。

此外，这种人还容易陷入多角恋的感情模式里，给自己和别人带来很多困扰。有些人的亲密关系似乎总是在多角恋中建立，这其实是逃避真正的亲密关系的一种行为。他们借助于表面的假亲密或者复杂纠缠的关系，来掩盖一个真实存在的问题——他们在建立真正亲密关系的能力上存在障碍。

这种人究竟经历过什么？为什么会这样？

答案是：他们的体内有两个自我，一个是真实的、虚弱的自我，另一个是虚假的、强硬的自我。也可以说，后一个自我是为了保护前一个自我而衍生出来的保护性自我。它像一副面具一样，被当事人戴在脸上，这种行为是他们采取的保护性策略。

只不过这种保护性策略用得太多，导致他们内心对自我的认识早已有了两个声音。在通常情况下，外界激活的都是他们第二个自我的声音，只有他们自己知道，他们其实还有另外一个自我。

当然，他们中间也有人可能渐渐遗忘了自己还有另外一个自我，只有在一些压力较大的突发情况下，那个被掩盖的自我才会不由自主地冒出来。例如，一些特殊机构在面试应聘者时，会采用压力面试的方式，使很多平时看上去很自信的人变得顶不住压力，几近崩溃，表现得十分糟糕。

有些人从外表看特别强势，其实心里却渴望遇到一个能透过自己表面的伪装看到自己真实内心的人。只是他们的伪装如此自然，因此很多时候他们吸引过来的都是一些迷恋他们的强势的异性。这些异性对他们的迷恋，一方面满足了他们的虚荣心，另一方面又让他们产生深深的恐惧感，因为他们在潜意识里总是提醒自己，自己根本不是这样的人。于是你会发现，跟这样一个人谈恋爱你总是和他隔着一段距离，好像触摸不到他，因为他需要的似乎只是你的迷恋，而不是与你建立起真正的亲密关系。

还有些人，他们在生活中时时处处表现得活泼伶俐、风度翩翩、幽默风趣，特别讨人喜欢，总是在扮演大众情人的角色。他们在人群中一直是焦点，但是他们找的另一半往往很平凡，似乎跟他们非常不匹配，这让人很难理解。

当然，也有些人，他们看上去特别清高、孤傲，一副不食人间烟火、遗世独立的样子，他们似乎永远不屑于与他人建立关系。其实不然，他们需要的也是别人隔着一段距离来爱他们、迷恋他们。

以上这几类人有一个共同的特点：无法近距离地袒露真实的自我。

无法近距离地袒露真实的自我，通常被认为是缺乏安全感的表现。当一个人的出现强烈触动我们的内心，让我们感到和对方产生了一种特别的共鸣时，除了会让我们觉得幸福，还会引发我们内心安全感的动摇。

爱情的发生总会伴随着某种失控，使得我们的大脑失去理性。爱情会让我们想在对方面前袒露自我、表达自我，希望和对方建立深度链接，希望对方会懂得我们的喜怒哀乐，并和我们同喜同悲，接纳我们的脆弱。

然而，极度缺乏安全感的人在面对爱情时，除了有常人感受到的欣喜，还容易产生恐惧情绪。这种恐惧情绪会让他们启动自己的防御机制，即依靠第二个假我来保护自己，使他们在向外传达信息时表现得非常矛盾。比如他们明明渴望靠近一个人，却表现出推开对方的行为，或者一会儿渴望，一会儿拒绝，摇摆不定。还有的人则同时表现出渴望和拒绝共存的模式，这样的信息传递会让对方感到十分迷惑，甚至痛苦，因为对方无法搞清楚他们到底要传达什么信息。

这种极度缺乏安全感的人，可能有着严重的心理创伤。这种创伤已经植根于他们的潜意识里，那是一种被压抑许久、几乎被他们遗忘了的痛苦。可能在早期的亲子关系里，他们从来都没有被母亲爱过、理解过、接纳过，也从未与母亲建立起真正的情感链接。他们对爱的理解游移不定，是因为以往没有任何成功的经验可以供他们借鉴。他们在潜意识里认为自己是不值得被爱、不值得拥有幸福的，即使他们现在通过一个伪装的第二自我掩盖，甚至暂时遗忘了这些创伤。但是当他们遇见爱情，遇见一个试图走进他们生命里的人的时候，这些被掩盖、遗忘的创伤就会被激活。

爱情之所以诱人，是因为它可以让我们和一个人建立起深深的依恋关系，重返那种在母亲怀里的安谧和一体化的状态。但是对于极度缺乏安全感的人来说，爱情唤起的并不仅仅是甜蜜，还有一种夹杂着恐惧、愤怒和怀疑的强烈情感。正是这种复杂的情感，成为他们与心仪的人建立亲密关系的障碍。

为了排解这种复杂的情感，有的人会纠缠在复杂的多角恋爱关系里，因为在复杂的多角恋爱关系里的那些情感，正是早年他们对母亲那种又爱又恨的复杂情感的重现；有的人会反复地检验对方是否真的爱自己,并设置一个个难题来考验对方,直到把对方折磨得忍无可忍、转身离开,从而再次验证他们内心那种自己不值得被爱、不相信爱的假设;有的人只能远远地注视着爱情,无法走近一步,他们从不相信自己有资格拥有爱情;还有的人则会不间断地伤害自己所爱的人,因为他们在亲子关系里积攒了大量对母亲的愤恨,眼前的人激发了他们在潜意识里压抑许久的愤怒情绪,这种愤怒情绪会不自觉地突然爆发出来。

如果你的爱人也让你感到如此困惑,或许他就是一个极度缺乏安全感的人,一个具有不安全依恋模式的人。帮他摆脱这种不安全依恋模式,最好的方式就是为他提供安全感。在他表现出各种看起来不可理喻的行为时依然选择爱他,便是对他内心最好的修复,因为这恰恰是他在感情里最大的渴望。无论如何,都对他不离不弃,都选择爱他、接受他,只有获得这种肯定,他才能逐渐变得正常,开始享受亲密关系,慢慢地向你敞开心扉。

但这并不容易，当你爱上一个具有不安全依恋模式的人时，你自己也不见得就具有特别成熟的人格和洞察力。很多人往往在与缺乏安全感的人的互动模式中，被对方伤得体无完肤，最后只能黯然结束这段恋情。因为一个内在缺乏安全感人，他的外在往往会有多种表现形式，比如花心、习惯性劈腿行为等，除非你是强大的"拯救者型"人格，否则退出真的是最好的选择。

如果你能意识到对方之所以出现这样的行为，仅仅是因为在童年的亲子关系里积存了大量未被处理的创伤和负面情绪，你能理解他，并引导他摆脱不安全依恋模式，那么你会收获一段十分坚固的亲密关系。你看穿了他脆弱无力的真实自我，并且给予了他情感的满足，还为他提供了他从未获得过的心理营养，那么他就永远都无法离开你了。你会进入他的内心深处，成为他生命里最重要的人。当然，还有一点至关重要，你要学会识别出哪些是他真正的需求，哪些是他伪装出来的需求，这需要你既具备一定的洞察力，又要有一定的共情能力，只有具备了这两种能力，你才能彻底了解他。

这个世界上其实没有解决不了的心理问题。就像一位心理学老师说的那样：一个人之所以有心理问题，是因为他没有遇到一个理解自己的人。很多人都没有足够的运气，可以遇到那个帮助自己走出人生困境的人，他们等来等去，最终发现还是要靠自己走出人生困境。

如果你渴望爱情却不敢爱，或者不会与亲密的人相处，那么你就该反省一下自己的恋爱模式了。

为什么每次爱情来临的时候你都退缩了？你在担心什么？你的内心想要表达什么？

为什么你总是陷入多角的恋爱关系中？你内心真正喜欢的是谁？

为什么你只能隔着一段距离地去喜欢一个人，无法享受和对方近距离接触的亲密关系？

你只能享受别人对你的迷恋，却无法打开自己的心扉，表现出真实的自己；你总是给别人展示包装过的自己、偶像般的自己。但这样的你很孤独，这真的是你想要的结果吗？如果不是，是什么在阻碍你表达自己的渴望？是什么在阻碍你去做一个充满烟火气的自己、平凡的自己？你为什么如此害怕暴露真实的自己？

对任何人而言，亲密关系都是一面可以检验自我的镜子。好的亲密关系会修复我们以前整合得不够好的自我，让我们破除虚假的自我，勇于拥抱真实的自我，这种真实的自我就是我们内在的生命力。当一个人唤醒自己内在的生命力的时候，他会由衷地感到幸福和快乐；而当一个人的自我迟迟得不到滋养，或者被压抑、被扭曲的时候，他的生命力就会渐渐萎缩，他会活得充满疼痛感。这是因为他是在以虚假的自我来适应世界，但是在潜意识里他的真实自我是极其痛苦的，久而久之，他就会产生严重的心理问题。

通过虚假的自我自然也会建立起虚假的亲密关系。那些不敢爱的人是因为他们卸不下自己的防御机制，也就是那个假我。他们在开始一段恋爱时，会同时启用真我和假我，具体表现为：热衷于感情游戏，既有强烈的感情需求，又极度害怕被伤害，同时不相信会有人真的爱自己。他们会启用假我的防御机制参与到自己的感情模式里，无法真诚地投入任何一段感情中。可这毕竟解决不了他们背后的问题,他们执着于玩弄感情,收获了一个又一个玩弄异性的经验,唯独没有收获真爱。他们看上去沾沾自喜,却无法掩饰那种内心想要获得真爱的深度需求。

如果一个人没有很强烈的感情需求,他就不会一直热衷于感情游戏。与表面的玩世不恭相反,他渴望的恰恰是那种严肃而真实的爱情。他渴望有人向自己证明爱情是存在的,但可能并不了解真实的自己竟然是个痴情的人。所以圣徒和浪子很多时候是同一类人,就看他们处在怎样一种环境里,有哪些生活体验。

理解自己的真实需求是建立亲密关系的必备条件,也是认识自我的第一步。由于伪装得太久,有些人已经分不清哪个是真实的自己、哪个是伪装的自己了。那个强势的自己,是真实的自己吗?清高、孤傲,看上去对什么都不屑一顾,是自己的真实态度,还是为了维护自己的自尊而采用的一种伪装面具呢?

一个人如果意识不到自己是在伪装,就无法面对真实的自我。而一个没有真实自我的人,当爱情来敲门的时候,他的内心就会异常软弱,不敢走近,更不敢接受。

6

你如果在当前的恋爱关系中，总是处于一种复杂的又爱又恨的情绪中，总是伤害自己的伴侣，或许就是在重复自己早年和父母的相处模式，在表达对父母的愤怒。你如果总是试图考验对方，应该意识到你之所以这么做，是因为你在潜意识里不相信爱情，不相信自己值得被爱。如果对方经受不住考验并不是对方的问题，而是你的问题，你需要认真思考：你的内心为什么会有各种各样的假设？你的内心为什么会有考验爱情的需求？埋藏在问题下面的，或许是你未被处理的心理创伤。

你无法得到爱情，当爱情来临时你总是把握不住，是因为你在潜意识里残忍地把它推开了，转而继续执行你曾经经历过的感情模式。

你不敢做真正的自我，是因为那个自我曾经遭受过否定，所以你抛弃了它、压抑了它，你试图忘掉它，但是它就像你的影子一样，紧紧跟随在你的左右。

你无法抛弃自己的影子，因为影子是真实的你的一部分。你的影子在早年被贴上了很多不好的标签，被定义为虚弱、丑陋，让你遭受创伤，于是你披上了一个假影子，以此保护自己。

现在你知道这是一场误会了吧。你委屈了你的影子，你应该好好地抱抱它，把它释放出来。虽然它脆弱、无助，但是你要接纳它是你人格的一部分。如果连你自己都不接纳自己，你更无法让别人接纳你，你的内心就永远得不到安慰。你不允许别人走进你的内心，这正是你与别人建立亲密关系的障碍。

生命越真实，就越有力量。只要你能理解自己，能安慰自己的影子，就是你对收获一份爱情所做的最好的准备。即使爱情暂时没有出现，但当它来敲门时，内心强大的你，也一定可以拥抱属于自己的幸福。

/ 你一直渴望交流，却习惯被动沉默 /

知乎上有个热门话题："如何看待当下这种越来越普遍的'沉默'型人格？"

这个话题反映出了当下很多人的苦恼，这种苦恼还可以称之为"被动沉默"的困扰。

在社交场合，每次一开口说话，就容易陷入紧张焦虑的情绪中，特别在意周围人的目光；明明心里有很多的想法和意见，但在关键时刻，大脑却一片空白，表达不出来或者不敢表达；特别渴望与人交流，也知道与人交流是一件好事，但就是无法自然大方地交流……

被动沉默者，往往因为不能与他人进行自然的沟通交流，所以他们会一直否定自己：我不会说话，我只能尬聊，我在别人面前太容易紧张了……最后，他们只好选择退缩，收回渴望表达的心。他们一边羡慕周围侃侃而谈的人，一边用沉默来掩饰自己的紧张，成为人群中所谓"不爱说话"的那类人。

他们看似是主动地选择了沉默，其实是被紧张感逼迫着被动地选择去了一座社交孤岛。

我的来访者小雅是一名大三学生，她就深受这种被动沉默的困扰。

每一次班级聚会，大家都交谈甚欢，小雅却发现自己很难自如地参与到任何的对话当中，哪怕对话的主题是她所熟悉的。她想努力改变自己，也渴望通过交流和同学增进感情，看着大家你一言我一语的，她在内心对自己想要表达的观点认真地进行了梳理，可最后她憋红了脸，也没能张口说出来。

这种经历实在是太憋屈了。在很多需要进行表达的场合，小雅发现自己总是不敢表达，哪怕在课堂上回答老师的提问，她也经常回答得支支吾吾的。

时间久了，大家都认为小雅是个很内向的人，因此自觉地将她归入"沉默"的那类人。在生活和学习中，同学们无论谁遇到问题，都很少向她征求意见和寻求帮助。再后来有聚会之类的活动，大家也很少邀请她参加了。这种处境令小雅感到非常难受。

在现实中，类似小雅这样的人有很多，他们总是陷入一种"明明渴望与人交流，却又无法开口表达，于是只能假装沉默"的怪圈。

为什么会有这种现象？这些人在生活中究竟有过什么样的经历，才导致他们陷入如此矛盾的境地？

渴望表达是人类的一种本能。不敢表达往往意味着这类人在童年与养育者的互动中遭受过表达创伤：表达了自己真

实的想法，但是没有人理睬；经常被人否定或嘲弄；总是不被人接纳，甚至被攻击……

在咨询室里，我跟小雅开始探讨她人生中对于"表达自己"的最原始的记忆和感受，这个安静的姑娘突然变得很生气。

她回忆起小时候一些难过的事：每当自己表达一个观点或意见时，妈妈要么不理睬她，要么否定她，或者露出不屑的表情。尤其是在公共场合，妈妈总是夸奖别人家的孩子懂事、会说话，转头就批评、否定小雅：

"在公共场合，你说话要注意分寸，不要想到什么就说什么。"

"小孩子懂什么？不懂你就不要瞎说。"

"你看你支支吾吾了老半天，看看人家××，说话多利索。"

"你怎么总是这么不懂事？你看叔叔阿姨都笑话你了。"

"你这个样子，在学校老师怎么可能会喜欢你？"

听了妈妈的这些话，幼小的小雅感到异常羞耻，恨不得找个地缝儿钻进去。

小雅的妈妈总是很在意小雅是否被别人喜欢、是否被别人看重。当小雅受到别人的赞赏时，妈妈会表现得很开心；一旦小雅在某些方面表现得不如别的孩子出色时，妈妈就会非常焦虑。

遗憾的是，在小雅妈妈的严厉教育下，小雅越来越不自信。虽然她的心里总想着表现得好一点儿、要讨人喜欢，可是在行为上她却越来越不知道怎么做才好，因此常常显得很笨拙。

这一切都被妈妈看在眼里，焦虑的妈妈每次在客人走后，都要对小雅进行一番教育。就这样，小雅在妈妈长期的评判和指责中，与人互动沟通的能力变得越来越差。

后来，为了避免被妈妈评判、指责，小雅选择尽量少说话，开始用"沉默"的策略来应对社交。久而久之，她就变成一个再也无法正常表达自己真实想法的、唯唯诺诺的人。小雅的妈妈对她的影响，彻底渗透进了她的日常生活中。小雅接受了妈妈对自己的这些评判和指责，觉得自己原本就是一个表达能力很差的人。在以后的生活中，每次在和人沟通时，小雅都底气不足、缺乏自信，害怕自己因表达不好而出丑。

事实上，除了评判和指责，妈妈还向小雅灌输了一套

"良好表达能力"的标准:要开朗大方,要懂得察言观色,要讨人喜欢,要有伶俐劲儿……

每次想到这些标准,以及自己以往的经历,小雅就觉得既然达不到妈妈要求的标准,那就只好掩饰自己,尽量少表达或者不表达,以免出丑,让自己陷入羞愧的境地。

"我渴望表达,但我害怕出丑。"这大概就是小雅内心最真实的声音。

像小雅这样的人有很多,他们在小时候因为自我表达而受过伤害,这会让他们形成一些心理认知误区,最后让自己成为沉默的人。

这些认知误区包括:

(1)我不会说话,容易出丑

他们认为表达是种能力,人只有达到某种标准才能具备这种能力。

持有这种观念的人不在少数,他们之所以会有这样的观念，往往是由童年养育者对他们灌输不当的养育理念造成的。这些养育者往往不能接纳自己的孩子真实的一面，他们一厢情愿地爱着一个自己想象中的"完美"孩子，并用所谓的"完美"准则来要求自己现实中的孩子。

于是，他们会对自己现实中的孩子进行否定和批判，这就导致他们的孩子常常感到羞耻和不自信，认为真实的自己是不够好的、不合格的，以致最后形成这样的观念：我需要变得完美才可以表达自己，不然结果就会很糟糕，我就会出丑。

一个无法接纳真实的自己、总是害怕自己会出丑的人，必然会在社交场合中感到焦虑、紧张，因此便不会轻易发言，因为沉默对他是最好的保护。

（2）万一我出错了，他们会怎么看我

他们认为表达是为了获取别人的认可和赞美，而不是为了交流。

因为过于关注别人的评价，他们反倒不知道如何表达自己的真实想法了，而这种尴尬的状态又增加了他们对表达的羞耻感和恐惧感。

此外，被动沉默者也会特别关注别人的表现，特别喜欢在心里对别人说过的话、做出的举动进行一番评论，对自己认为表现好的人就无比羡慕，对自己认为表现差的人则暗自嘲笑。

此时，在他们心里"表达"的原意已经完全被异化了。总而言之，他们认为表达这种行为不重要，能否通过表达获取掌声、赞美和认可才重要。

（3）表达以后没人理我，岂不是很尴尬

他们在进行自我表达的时候，通常伴随着一种对于关系的渴求，一种对别人能回应自己的渴望。当他们说完一句话的时候，无论这句话本身重要不重要，他们内心都渴望别人能够做出回应。

但是，如果他们在发出这种需求和渴望时，没有得到别人的回应，他们就会对自己的需求和渴望产生怀疑，继而产生羞耻感："我这么需要你，可你并不会满足我，你并不需要我，一定是我有问题。"

为了避免这种"求而不得"带来的羞耻感，他们便会逐渐压抑自己的需求和渴望，甚至用不再发出需求和渴望来避

免失望,从而造成对人际关系的回避。在这种回避性沉默的背后,是他们成千上万次的失望,他们害怕自己的表达像一粒沙子一样被投进大海中,得不到任何回应。

那么,如何才能走出被动沉默的心理困境呢?

首先,被动沉默者需要意识到,与人打交道并不是对我们能力的考验,而是普通的交流互动。

在咨询过程中,我帮小雅厘清了各种问题的来龙去脉,修正了很多不合理的人际交往观念。

比如,我们在与人打交道的时候,并不意味着自己就处于一个被批判、被考验的位置,即使我们做得不好,也并不意味着就会被不喜欢、不接纳。我们与人打交道是一种出于本能的需要,就跟吃饭、喝水一样。我们拥有评判自己的权利,这是别人左右不了的。另外,从我们自身做起,不再评判社交场合中别人的表现,学会把注意力放在别人表达的内容上。我们不要以排斥和挑剔的眼光去看待别人,而是要用一种全然接纳别人的心态去与人交往。

当我们做到对别人全然接纳，再也不因为别人的表达去评判别人时，我们便做到了接纳自己，因此就不会再过于关注别人如何评价我们了。

其次，被动沉默者要走出被动沉默的心理困境，需要直面自己的恐惧和焦虑。

因为有过心理创伤，被动沉默者在社交场合中面临自我表达时，难免会感到恐惧和焦虑。我们需要意识到这种恐惧和焦虑，并尝试直面它们、接纳它们，而不是与其对抗。我们的恐惧和焦虑来源于童年养育者对我们的否定和不接纳，躲在这些恐惧与焦虑背后的，其实是一个无助、难过、委屈和绝望的小孩。

我们要看到自己内心那个受了伤的小孩，然后好好地拥抱一下自己内心的小孩。告诉他，这一切都不是他的错，他很好，他没有别人说的那么差。

在咨询室里，当小雅看到那个藏在自己恐惧背后，充满了委屈的小女孩时，她不禁放声大哭。虽然过了这么多年，小雅内心那些委屈、恐惧、无助的情绪却一直都没有消失。它们一直在那里，阻挡着她走向新的世界。

最后，被动沉默者要走出被动沉默的心理困境，绝对不能和敏感、紧张较劲。

由于早年的经历,被动沉默者养成了极度敏感的性格,但这已经成为既定事实,因此不要去跟自己的敏感、紧张较劲,也不要去跟别人比较。允许自己敏感、紧张,允许自己恐惧,接纳自己的不足,真正做到理解自己,而不是强求自己。当你允许自己恐惧、敏感和紧张时,这些情绪反倒会被逐渐排解掉。

小雅终于意识到自己的敏感和紧张,是内心那个小孩被过度地否定、评判,不被接纳而造成的。她再也不想难为那个小孩,再也不想给她提要求了。

渴望表达,是生命的重要动力,这在动物身上都表现得非常明显,何况是有语言、有思想的人类。

没有人喜欢长久的沉默,也没有人喜欢永远的冷漠。

一个人如果在生活中总是保持沉默,不敢做自己,势必会压抑自己的生命能量,从而自我设限,无法发挥自己的潜能。

不敢表达自我的人，就像缩在一个有着坚硬外壳的保护罩里。在这个罩子里，一切都是可控的，只可惜空间很小，他们在里面按部就班地行动，不敢迈出一步。

有的人足够幸运，可能会遇到从保护罩外面伸进来的一只手，这只手足够坚定有力，引导他们走出罩子，并带领他们起舞。

遗憾的是，有的人即使握到了这么一只手，却还是因为过于恐惧，让那种恐惧的力量死死地拖住了自己，最终还是不敢走出那个罩子。

还有的人终生都在等待，希望有人能找到沉默的他们，带他们走出去，可惜终究还是没能等到那只拯救自己的手伸进来。

现在，我希望你可以像小雅那样，去主动寻找那只希望之手，找回勇气，找回自己。

/ 如何摆脱受害者心态 /

在生活中你有没有见过这样一种人:整天对生活、对他人充满了不满,一会儿控诉这个对不起他、那个欺负了他,让他陷入糟糕的境地;一会儿愤怒于世道不公、世风日下,让他怀才不遇;一会儿又抱怨公司环境不好,领导有眼无珠,自己进了这样的公司简直倒霉透了,一点儿前途都没有。

刚开始的时候,由于不明情况,听到这么委屈的控诉,我们心里往往都会产生怜悯、同情之感,觉得他们真的挺倒霉的，真不走运，于是用心地给他们出主意。甚至有打抱不平者，摩拳擦掌想帮他们教训一下欺负他们的人，或者给他们推荐一份好工作。

可是折腾了一番后发现，这种人好像对我们的建议完全无动于衷，或者说只是口头采纳了我们的建议，却丝毫没有在行动上表现出来，甚至有的时候他们还会——否决我们的热心建议，并摆出成千上万条"此路不通的道理"，最终的结果就是他们无路可走。

既然已经无路可走，他们便日复一日地控诉下去、抱怨下去、愤世嫉俗下去。他们似乎永远都被一摊烂事缠住，这些烂事就像蜘蛛网一样，他们陷在"蜘蛛网"里不能动弹，无法向前迈出一步。

我有一个亲戚，从我记事起，她就整天为自己的婚姻发愁，抱怨自己所嫁非人。她认为自己各方面条件都不错，老公却方方面面都很难让自己满意。就这么十几年如一日地，我的这个亲戚始终郁郁寡欢，眉头不得舒展，结果在50多岁的时候便因患乳腺癌去世了。

更悲惨的是她的子女们。因为一直以来他们的父母感情不和,所以他们对感情看得也比较淡。他们的妈妈去世后,大家各自奔天涯,分散在好几个地方,大有老死不相往来的架势。

我也经常遇到很多认为自己"怀才不遇"的人。这种人别的不擅长,就擅长发怒,文章写得一般、诗写得一般,但特别有"态度"。对于他们来说,似乎"态度"就是自己行走江湖的根本。而他们的"态度"也很单一,就是愤怒和郁闷:愤怒于世道不公,不给有天赋的自己一个出头的机会;郁闷于自己虽才过屈宋,却过着如此不堪的生活。但是十几年过去了,我除了见过他们发牢骚,真的没见他们写出多少好文章、好诗篇。现在他们依然每天愤世嫉俗,依然在怨天尤人。当然了,他们越来越穷困潦倒,真的是"如愿以偿"了。

我承认,在这个世界上确实有怀才不遇的人,但真的很

少,虽然凡·高、杜甫是有名的怀才不遇之人,但是人家有作品啊;在这个世界上也确实有人在遭遇不公,但"总是被欺负""被所有人欺负"这种事还是很少见的;世界上确实有人婚姻不幸,但是为此难受一辈子,把自己折磨到身患绝症,还影响到子女的也不多见。

说起来,以上这几种人都有一个共同的思维模式——受害者思维,或者叫受害者心态。

所谓受害者心态,就是指对自己的处境非常不满,但认为造成这种糟糕状态的根源在于外界所有与其有关的人和事,当事人往往怀着一种极度无辜的心态。

因为长年累月地把自己放在受害者的位置上,这种人一般满腹牢骚、怨气冲天,甚至肝气郁结,影响身体健康。而他们的事业、家庭往往真如他们口中抱怨的那样,经常遭遇挫折、不幸,甚至陷入绝境。

具有这种心态的人,总是将自己的不幸遭遇归结为一句"我就是命不好",他们认为自己从来都没有错,都是命运使然。

什么叫命运?命运是你内心的投射。为什么说性格即命运?因为性格决定了你看待世界的方式,你的内心把世界解读成什么样子,最终你就会活成什么样子。在心理学上,这也叫作自证预言的假设。

自证预言,是指人会不自觉地按已知的预言来行事,最终令预言发生。

例如,你若自认为不是读书的料,那么即使有时间,你也不会用在学习上,因为你觉得自己读了也不会懂。最终考试成绩一塌糊涂,你会对自己说:"我果然不是一个读书的料!"

这个概念在办公室里又会有这样的演绎:有人对你说,某个下属跟你合不来,你就会不知不觉地专挑对方的缺点来看,越看越不顺眼,结果大家因小事而反目,完全不能再合作下去,预言便实现了;相反,假如你相信你的下属很能干,你自然会多给他机会,让他去发挥才能,即使他偶尔犯错,你也会选择包容,最终他亦会不负你所望,成为一个能干的员工。

事实上,受害者心态是一种很常见的心态,它是人在遇

到挫折时采取的一种自我欺骗、自我保护策略。人生在世，谁都难免遭遇挫折。在遭遇挫折后，人们一般会经历以下五个心理阶段：

第一，否认阶段。极力否认事实的存在，逃避事实。

第二，愤怒阶段。接受部分事实，但会表现出因事与愿违所造成的愤怒和不平。

第三，交涉阶段。寻求解决方案，想方设法解决问题。

第四，消沉阶段。在明确事实以后，心理上还没能完全接受事实的存在，但是行为上已做出一定反应。

第五，接受阶段。心理和行为上都已接受了事实的存在，并按照自己的选择对事实进行处理。

所谓一般人都有的受害者心态，是指在遇到挫折后，我们都会经历第一心理阶段和第二心理阶段，即否认和愤怒。经过一段时间后，有的人会继续经历第三阶段、第四阶段和第五阶段，最终结果就是接受现实，并在这个基础上重塑自我，调整自我和现实的关系，比如付出更多的努力，或者调整自己的理想目标，吸取教训，建立起真实强大的自我。

也有的人在遇到挫折后，停滞在第一阶段和第二阶段，拒绝面对现实。因为挫折让他们的自尊面临威胁，为了避免这种威胁，他们拒不承认现实，反而通过否定别人和外界的方式来保护自己。或者说，这是一种具有自我欺骗功能的逃避策略，个体躲藏在里面，逃避外界的"枪林弹雨"，逃避自己需要真正面对的成长。

还有的人通过对外界的控诉，制造自己无辜的假象。准确地说，他们是一种通过扮演受害者而获取好处的人。这种好处更多的是指一种心理上的自我安慰：

"周围的人那么肮脏，只有我一个人纯洁，所以我有一种不媚俗的出众。"

"周围人都那么坏，只有我一个人是无辜的，所以我不用负责。"

……

习惯控诉外界环境、总是认为自己"怀才不遇"的人，内心都有一个懦弱矮小、缺乏力量的自我。他们没有能力面对现实，只能通过自我安慰来掩饰自己失败的事实。

遗憾的是，很多人迷失在这样的角色里，活成了真正的受害者，整天觉得自己倒霉，最终就一直倒霉下去。

5

那么,如何才能摆脱这种受害者心态呢?

(1)学会自我负责

受害者心态的根源就在于,自己不能为自己负责,总想让外界对自己负责。一旦外界不符合自己的心意,就自怨自艾,陷入颓废、忧伤的自我折磨中,从而丧失行动力。

一个心智成熟的成年人,应该认识到自己的生命必须由自己来负责。想要得到什么,都需要自己去争取,不要指望别人为你争取。没有谁可以给你设计一种一劳永逸的人生,也没有完美的环境和人,让你一切都称心如意。但具有受害者心态的人总是抱有不切实际的幻想:指望外界做出改变来迁就自己,指望外界能对自己的遭遇负责。

(2)学会宽容

宽容会让一个人的真实自我变得强大,它是一个人心智成熟的重要体现。宽容别人,有时也是放过自己。

当你开始承认，在这个世界上很难有十全十美的东西时，你可能就学会了宽容。一个不懂得宽容的人，会根据自己的偏见要求别人和客观世界为他做出妥协。但别人有自己的意识，客观世界也并不以某个人的主观意志为转移，这就会引发他内心的怨恨，最终所有的怨恨都会反噬自己。

（3）培养重建自我的能力

能否直面现实，是考验一个人真实自我是否强大的关键。具有受害者心态的人无法面对现实，这种"无法面对"的背后其实是自我力量的缺乏。这可能是因为他们在亲子关系里受到的积极肯定过少、消极否定过多，所以我建议具有这种心态的人去找专业的心理咨询师，回溯一下自己的幼年经历，修正消极的自我认知。

（4）懂得感恩和付出

停留在受害者思维模式里的人，最大的特点就是否认周围的美好、放大周围的丑恶。这种通过否定外界来让自己保持优越感的方式，会让他们永远看不到别人的优点。同时，又由于这种优越感本身是虚假的，他们觉得自己始终处于匮乏的状态，看不到自己"得到"的东西，所以他们永远不懂得感恩。当他们把精力集中在抱怨上时，他们自然就丧失了行动力，根本体验不到付出的快乐。他们永远无法得到成功完成一件事情的正向反馈和积极体验，只会让自己的情绪陷入恶性循环。

因此，当你觉得自己因怀才不遇而忧伤、落寞时，当你整天愤世嫉俗，认为自己比别人高明时，请一定要把自己骂醒：这种行为只是一种幼稚的表现。

/ 你可以宅一阵子,但不能丧一辈子 /

不知道从什么时候起,身边总有人跟我说:

"发现自己越来越宅了。"

"一到周末就什么都不想干,只想躲在家里。"

"明明知道外面有很多活动,但是感觉没什么兴趣,没有出门的欲望。"

……

原本只作为少数人的属性——"宅",在当今社会似乎正蔓延开来。我不知道如果现在做一下调查,会有多少人是宅男宅女,但感觉周围自称是宅男宅女的人越来越多了。

于是,我们在生活中便越来越多地听到类似的对话:

"周末打算去哪儿?"

"哪儿都不去,就在家宅着。"

与此同时,有一种与"宅"紧密相关的文化,逐渐在年轻人群体中流行,那就是"丧文化"。

"丧文化"的流行,始于网络上一度疯传的那张"葛优躺"的图片。这张图片传达出的无力感和颓废感,因其准确地展现了当代年轻人的疲惫心态,从而迅速引起了大家的共鸣。

有一种"宅"是对人际关系的逃避。一个人如果很难在人际关系中感到舒服、获得滋养,通常就会选择逃避。这种人的外在表现就是比较宅,相比出门参加社交活动,他们更愿意待在家里打游戏、睡觉,做一些对自己来说更有控制感的事情。

有一种"丧",是对自己的无能为力。心理学上有个名词叫"习得性无助",指的是如果一个人反复地经受失败,在不管付出多大努力后依然遭受失败的情况下,就会逐渐进入抑郁状态,对自己的能力渐渐丧失信心,从而产生无力、绝望的感觉。

当然,"丧"的状态不至于这么严重,但是身体上的严重疲惫无力和精神上的极度颓废低迷,会使人产生一种轻微抑郁的感受。

还有很多年轻人,他们选择"宅"和"丧"的状态,是一种自嘲精神的体现。他们往往背负着巨大的获取世俗成功的压力,一旦发现成功无望,就不再执着于追求外在的光鲜,转而接纳自己"就是这样平凡的一个人",觉得"我躺着什么都不做的状态挺棒的"。

这是一种无奈的表达,也是一个人在高压之下为自己找到的一个宣泄压力的出口。这个出口即使看上去挺让人心疼的,但可能也已经是当代年轻人所能选择的为数不多的一种舒服的姿态了。

有人认为,从某种意义上来讲,"丧"代表了一种淡泊、安稳的心态,是一种正能量的体现。对于每个承受着高压的个体来说,好像确实如此。但是我们不妨从一个更广的范围和更高的层次想想，我们真的只能靠"宅"和"丧"来为自己找宣泄压力的出口吗？

我们究竟经历了什么，让自己变得如此无力？

人往往不是因为极不务实而被淘汰，而是因为一旦表现出一丝松懈，就会遭遇很多的指责、压力、不理解，甚至被边缘化。当这样的遭遇多次发生时，人们会不自觉地对自己身上的某些品质进行"阉割"，强迫自己"积极向上"，那些基本的人性或许正在消失，逐渐变成一个急功近利的人。因为你如果不这样做的话，就会承受重大的压力，觉得没有人会看得起你，认为自己毫无价值。

当一些简单粗暴的标准成为唯一考量自己和他人的准则时，大批"积极向上"的人可能根本就不会考虑自己所作所为的不合理之处，而是继续理所当然地在生活中去执行这些标准。

一个人会在内心对自己进行暴力改造，我将此称作"去人性化"。大多数去人性化的过程，不是一个缺乏反省能力的普通个体所能控制的。

有时你会发现，人类在设计规则方面，真是有着无与伦比的天赋；有时你又会发现，人类往往又会成为自己引以为傲的天赋的牺牲品和受害者。

没错，很多人既是规则的参与者和构建者，同时又是受害者。

4

回到"宅"和"丧"的主题上。

为什么"宅"和"丧"的状态会在社会中蔓延？

为什么人们会变得如此没有活力、如此颓废，以致闭门不出，回避社交？

为什么人们只能用小确幸和自嘲来安慰自己？

事实上，一个人变得越来越"宅"，越来越"丧"，可能源于以下几个因素：

（1）不愿面对人际关系

越来越多的人不愿意去面对人际关系，刻意回避人际关系，这很有可能说明我们外在的人际关系评价模式出了问题。比如，人际关系的维度越来越聚焦于攀比：比财富，比社会地位，比颜值，等等，这些攀比势必会给人带来压力。

人们将"颜值即正义""何以解忧，唯有暴富"等口号挂在口头上，保存在记忆里，我不知道有多少人是暴富的，又有多少人可以实现暴富。我们如果过多地关注这些攀比的内容，最终只会让自己陷入自我效能感低下、缺乏活力的状态。久而久之，越来越多的人就开始回避人际关系，因为至少在家里把门一关，可以暂时与外面的世界隔绝——这个世界对我的要求太高了，索性就让我躲在家里吧。

（2）过多的实用主义思维

实用主义已经流行了很多年，以致在年轻人群体中的影响根深蒂固。

"不做无用之事"，这大概就是我们的一种典型的思维方式。

但遗憾的是，我们的人性需求不分"有用"和"无用"，我们的灵魂需求不分"有用"和"无用"。"有用"和"无用"只是物质世界里基于社会需求，针对事物的一个分类方法，可惜我们现在已经将此严重泛化了。

符合我们利益要求的，我们就去做；不符合我们利益要求的，我们就不做。对我们有用的人，我们就去结交；暂时看不到对我们有任何用处的人，我们就不结交，甚至回避。不少人都如此看待事物、看待他人，把一切当作我们实现目标的工具。人们把他人工具化的倾向越厉害，对人际关系的厌恶和回避程度就越严重。

同时，你将他人工具化，其实也是将自己工具化，这种物化自我的行为，也会让你从心里更加厌恶社交。

（3）失控感

我们面临的最大问题就是个人价值的渺小。工业化的发展让"流水线""螺丝钉"的理念深入人心，很多人一辈子都可能只是属于某条流水线上的一颗螺丝钉，显得渺小得可怜。

在这样的一种精神氛围里，个人的价值感在哪里？一切都让人感到无力、失控。

一个人对外界的失控感越强烈，就越容易躲在自己的窝里，因为只有在这个窝里，才能体会到自己对人生的掌控感。

（4）"成功"的奴隶

"成功"好像从来都没有像今天这样，几乎让所有的人都甘愿成为它的奴隶。有些人为什么会"丧"？是因为他们觉得自己离"成功"太远，远到自己无能为力，因此只能靠"丧"的方式来寻找一个压力的出口。

我们被"成功"捆绑，于是对自己施行去人性化，也将别人工具化。然而，我们的理性虽然可以强制要求自己这么做，但是我们的人性承载不了如此暴力的要求，所以我们坐立不安，一会儿抑郁，一会儿焦虑，实际上就是在反抗。

每个人都是人际关系里的一面镜子，人际关系也是每个人的一面镜子。越来越多的人因抑郁、焦虑而选择"宅"和"丧"的生活状态。

一个时代的环境是人性的投射，环境反过来又会作用于人性，我们既是重压之下的承受者，同时又是这个时代的构建者。

在当今社会，最大的恶就是"急功近利"。

不论是成功的人，还是失败的人，不论是焦虑中的我们，还是大批的"空心人"，我们为了追求物质生活富裕，可能都付出了巨大的精神代价，这些代价便是：我们的精神创伤不断弥漫、扩散，让我们的内心不得安宁。

我想说的是，不论是社会，还是个人，都需要少一些"成功"欲望，多一些人道主义精神。

每个人都应该多花一点儿时间，去反思一下那些堂而皇之的所谓的"标准"和"合理性"，让自己透过那些标准和规则看到背后的人，在物与人的衡量中，在规则与人的衡量中，把人看得高一点儿。

只有每个人都真正去实践人道主义，真正做到以人为本，我们的人性才会一点点地回归，我们才能把自己从精神的荒漠里拯救出来。

PART 2

走出自我设限的牢笼

为什么要保持一无所有、一无所知呢？因为我们对"有"和"知"不加警惕，就会被它们误导，从而迷失自己，陷入一层层妄念中，最终背离真实的生活。

/ 如何找到行动力 /

现代人流行一种病,叫拖延症。我们可以把这种病的表现简单描述为:自己陷入一种明明知道应该干什么,但就是无法行动的状态。

通常情况下,伴随着这种"无法去行动"的状态,有的人还有很多强烈的情绪,比如自责、内疚、焦虑、悔恨。有的人甚至伴随着另外一种行动,比如暴饮暴食,如果问题再严重些,就会发展成暴食症。当然,如果问题严重到发展成暴食症的程度,可能就意味着最初的问题发生了转变。我们从起初对某件事的拖延，已经转变成对个人形象无法达到满意的焦虑和自责的状态。

有意思的是，患有拖延症或者暴食症的人每次来找我咨询时，他们总是无比自责，觉得自己不应该这样做。很多人觉得自己缺乏自律能力，意志力太薄弱，从而陷入对自己深深的痛恨中。可是这种问题并不好解决，每次做完咨询回到生活中后，他们总是会忘记当初设定好的目标，继续陷入颓废、抑郁、拖延或者暴饮暴食中，依然不去做那些自己认为应该做或者值得做的事。

在因为自律或者拖延问题来找我咨询的来访者中，存在这样一种现象：这些人身上似乎都存在着两个自我，一个是要求性的自我，另一个是丧失了行动力的非常无力的自我。这就好比一个正在开车的司机，要求性的自我不停地踩着油门，要求自己加速前进，但是丧失行动力的自我却垂头丧气，一动不动。于是要求性的自我变得歇斯底里，对着车身又踹又打，可是问题也没有得到解决，丧失行动力的自我依然不能让车朝着目标前进半米。

整个过程中，要求性的自我一直都非常卖力、非常亢奋，但是有什么用呢？丧失行动力的自我总是不为所动。问题的关键就在这里,要求性的自我一直在想:他为什么会这样?他为什么和我不一样?!

丧失行动力的自我也在想:为什么我不是他?!我好想成为他!我就是因为太缺乏自律能力了,所以我才这样无力,才跟他差着十万八千里!我太让人失望了,我讨厌我自己!

有没有人想了解一下,为什么两个自我之间的差距这么大?问题究竟出在哪里?

要求性的自我只是在不停地提要求:你应该这样做,你不应该那样做。丧失行动力的自我则陷入不停的自责中:都是我的问题,我怎么这么差?我不该这样!

如上所述,一个拥有拖延行为的人的内在,总有一个要求性的自我与一个丧失行动力的自我在不停地吵架。

要求性的自我非常有力量,很多时候他的声音大过一切,而他的声音的主要内容就是不满、指责、失望和攻击。而另一个丧失行动力的自我,则充满无力感和羞耻感,他不停地自责，却无法迈出改变自我的第一步。

为什么两个自我一定要不停地吵架呢？为什么二者不能好好地合作，把精力真正用在解决问题上面呢？为什么要求性的自我就不能认真倾听一下那个无力的自我在说什么，到底为什么无法做出行动？他需要的是什么？

当我让来访者们放下不够自律这个归因，让他们单纯地谈谈他们无法行动的感受时，他们说了很多：

"因为目前的工作环境发生了很大的变化，领导总是对我不满意，我对他有很多愤怒。我的压力很大，可我又对自己一点儿信心也没有！所以我觉得很累。"

"因为我辛辛苦苦写的文章经常被人剽窃，可我的文章的阅读量却比不过人家。更郁闷的是，人家对我的文章进行二次加工后，明显比我写得还要好！"

"因为我对自己的学习能力没有信心，所以我觉得很无力，我不知道如何面对无穷无尽的知识点。"

"那项任务做起来真的太难了、太有挑战性了。每次我都感觉要把自己逼疯，特别害怕去面对它。"

"我其实根本不想做这份工作，但我又找不到更好的工作。"

......

一切的一切，其实只是因为那个行动性的自我遇到了困难，却不知道如何去面对这些困难，于是就简单地将此归结为："是因为我不够自律。"

我们每个人与自己相处的方式，基本都是早年跟父母的关系模式的内化。要求性的自我一般代表着父母早年对待我们的模式，行动性的自我则是我们真实的样子。

当一个人出现了严重的自我内耗——要求性的自我和行动性的自我发生冲突，说明要求性的自我希望能和行动性的自我达成一致，一起去解决问题，行动性的自我也认为只有通过这种方式才能真正解决问题。我们将其还原为父母跟孩子相处的模式就是：每当遇到问题，父母会通过让孩子达到自己的要求这种方式来解决问题，如果孩子达不到自己的要求，父母就会非常不满、非常生气，甚至不停地攻击孩子。

当孩子没有达到父母的要求时，就会认为自己有问题，从而陷入不停的自责中。

在这样的家庭里，责备常常被认为是一种解决问题的方式。如果孩子出了问题，就会受到父母的指责。孩子的感受往往会被父母忽视，孩子的行为往往都是围绕着父母的要求构建的，父母跟孩子的链接就是"要求"。

正如前文所述的要求性的自我对待行动性的自我那样，父母从来不过问孩子内心的真实感受，从来不关心孩子想要什么，他们只是在不停地反馈："你不应该这样做！你这样做是不对的！"

总而言之，他们总是在用"理想中的孩子"去要求"现实中的孩子"。

如果孩子没有表现出父母所期待的行为，父母就可能会给孩子贴上一些标签：你这样做是缺乏自律，你那样做是意志力薄弱；你这样做是不合群，你那样做是轻浮……但是谁来帮助这些孩子从不够自律、意志力薄弱、不合群或者轻浮中走出来呢？他们为什么会陷入这种状态中呢？

可惜，父母解决问题的方案就停在贴标签那里了，以致这些孩子从来都没有学会如何改变自己目前这种糟糕的状态。这些孩子甚至不知道去觉察自己的内心，去寻找问题出在了哪里，更遑论去寻求帮助。他们只是被告知自己是有问题的、不被接纳和认可的,这等于被扔进了自责和焦虑的旋涡里。而这种自责和焦虑,足以摧毁一个人。

实际上,这种家庭中的父母,自己本身就容易陷入焦虑中。当问题发生时,当面对一切不如所愿的事情时,他们自身没有足够的心理容量,就很难处理自己的焦虑情绪,于是会下意识地把焦虑情绪扔给孩子,并不能真正地解决问题。

遗憾的是,现实生活中这样的父母有很多,他们并没有意识到应该教会自己的孩子解决问题。如此一来,孩子们习得了一种看似解决问题的模式——通过自责或责备他人,让问题不了了之。殊不知,真正的问题一直都存在,从来没有被解决。

自责、贴标签都不是解决问题的方法。你只有找到隐藏在自律问题背后的真正原因,面对自己真实的感觉,才能慢慢地提升解决问题的能力。

简单地说,提升解决问题的能力可以分为以下几步:

（1）面对自己的感受，让丧失了行动力的自我说话

每个深陷自责之中的人，内心里要求性的自我的声音盖过了一切。但是，你必须先尝试不过度关注这些声音，然后让丧失了行动力的自我说话，听听它为什么会丧失行动力。

以我为例，我有段时间懒得写公众号文章，原因可能如下：情感枯竭，激情消失，找不到写作的感觉；对剽窃、抄袭我的文章的人愤怒不已，影响了写作的热情；觉得别人写得好，对自己目前的写作水平不满；约稿太多，不知道如何合理安排创作，因而感到厌倦；日复一日地写，越写越重复，开始烦躁；需要做的事情太多，就是单纯地觉得身体累了……

总之，只有先去关注自己真正的感受，面对自己内心真实的声音，你才能知道丧失了行动力的真正原因。

（2）处理导致自己丧失行动力的问题

按照心理学家比昂的说法，丧失了行动力的人需要给自己建造一个容器。在这个容器里，你可以收纳一部分自己的负面情绪，并对其进行加工处理。你如果暂时建造不了自己的容器，还可以借助别人的容器——求助于别人，让别人帮助你面对压力。有些困境你可能自己走不出来，但你可以去找人倾诉，听听别人的建议。因为有时候你自己觉得很难解决的问题，可能在别人眼里根本就不是问题。

假如我感觉身体累了，那我确实需要休息，因为身体不会撒谎，我不能继续损害自己的身体；假如我对剽窃、抄袭自己文章的人感到愤怒，我就应该想想怎样才能最大限度地避免别人对自己的侵犯，可以尝试在发稿前把文章多修改几遍，避免别人剽窃我的观点；我可能需要改进写稿的方法，不能像以前那样随性地写。总之，我需要做的是想办法处理以上问题，让自己生活得更舒服，而不是一味地让自己沉浸在愤怒和抑郁中。

（3）将行动力建立在对自己的清晰认识上

我们缺乏行动力，往往是因为在行动面前有很多的障碍和负面情绪没有被清扫、处理掉，但是我们自己并不清楚，却选择了另一种无效的处理方法。这就好比厨房的下水道堵了，我们却在不停地责怪抽油烟机一样。

我们无法在意识层面上允许自己表达对父母要求和干预的愤怒，所以只能在潜意识里表达这种愤怒，以一种我们并不理解的方式对象征着早年父母要求的事情进行强烈的抗议。如果意识层面不允许我们休息,那么潜意识只好通过其他途径命令我们休息。

事实上,我们不是天生颓废或者抑郁的,只是如果总是找不到自己生命力的展现方式,就会让它用一种歪曲或者自我伤害的方式偷偷地展现出来。

所以,很多时候你的丧失行动力,恰恰是另外一种可怕的行动力的展现。所谓颓废、抑郁,其本质不过是一种变相的自我攻击。

我们只有先认识自己,才能找到自己的行动力。

/ 你明明很优秀，却依然很自卑 /

生活中，很多人存在这样一种困惑：从各方面来看，自己似乎都已经做得不错，甚至很优秀了，可自己的内心却依旧感到自卑。

比如，就读于国内名牌院校，颜值颇为出众，但就是不自信；年薪超过绝大部分同龄人，有房有车，但心里没有感到一丝轻快；工作其实做得很好，也常常获得各种奖励和肯定，深受领导认可，但内心还是紧张不安，总是觉得自己不够好……

其实可以归纳为："明明我已经有条件自信了，可为什么还是感觉不够好？"

这种感觉就像你的外在已经逆袭成为一个霸道总裁，可是你自己隐隐觉得，你的内心还是处于一种自卑的状态。

为了摆脱这种自卑的心态，你其实用了很多补偿性的外在显示。但是这种补偿性的外在显示越多，你就越觉得自己有一种虚张声势的虚弱感，最后心里开始自我怜惜：

"为什么我不够好？为什么我享受不到自信满满的人生？"

"我已经很优秀了，可我的内心为什么感觉很累，甚至比以前更加疲惫？"

很多人之所以会有类似的困惑，是因为他们误解了一件事情：一个人外在优秀不优秀和内心自卑不自卑其实是两回事。甚至对于很多人来说，外在优秀正是对内心自卑的一种补偿。这就好比你有一个短处，所以就拼命发挥自己的长处，试图通过这样的补偿行为来改善自己的负面情绪。然而，结果往往事与愿违。因为你的内心一直有一个离谱的错误假设："只有各方面条件都优秀的人，才有自信的资格。"

面对现实生活中那些不够优秀却有自信的人,有自卑情结的人可能会表现得很愤怒:"为什么他那么差劲,自我感觉还那么良好?"

一个有自卑情结的人在表现出这种愤怒的时候,如果他对自己足够忠诚,往往还会发现,自己对别人除了鄙视,一定还会有一种不易觉察的羡慕和嫉妒的心理。他无法理解别人为什么会那么自信,而自己明明很多方面都比别人好很多,却无法做到像别人那样自信。

事实上,那个自信的人的自我感觉是不太受外在条件限制的。外在条件好不好,他的成就的多寡,很难威胁到他的核心自我。

深陷自卑情结中的人不明白,真正决定一个人是否自信的是他的核心自我。当一个人把自我感觉条件化的时候,就永远无法做到真正的自信。因为自信的本质在于自我接纳——自信是在自我接纳的基础上建立"我能行"的信念。

自卑的人之所以自卑,就是因为他们内心无法做到完全接纳自己。

正是因为不能自我接纳，导致他们认为自信是需要条件的，不允许自己在某些方面落后于人……

反观一个自信的人，他们往往很少对自己的核心自我产生怀疑。在自信的人的自我认知里，他们的核心自我是被认可的。但在自卑的人的自我认知里，他们的核心自我往往是不被认可的，所以他们需要通过外在取得的成就去摆脱这种不良的核心自我体验，而且他们认为只要自己的外在优秀了，核心自我就会脱胎换骨。

事实真的是如此吗？

一个人稳定良好的核心自我和糟糕不良的核心自我信念，主要是由早年的经历造成的。

在早年与父母的互动中，如果孩子被父母持续性地要求必须达到某种条件或者标准，才会被认可和赞赏，而当孩子做得不够好的时候，则被父母不停地指责、批评，那么孩子就很难形成一个良好的核心自我。

或许父母的最终目的是希望孩子上进、努力、勇攀高峰，但是，父母如果没有在表达上强调对孩子的整体接纳，就会被孩子认为是他自己不够好，他只有达到一个个的标准、拿到一个个的奖励，才能改变自己这种不够好的状态。他会对自己充满防御心理，害怕自己重新回到原来的境地，所以就会出现这种现象：有自卑情结的人在取得一些成就后，在短时间内会表现出一定的自信，有时甚至会表现出无与伦比的自信，但是他们无法持久地自信下去。往往过不了多久，他们又会进入自卑的状态，所以他们需要持续地取得成就，以此来维持自己的自信。

可想而知，这样的人该有多累！累的根源就是他们对自己"不优秀""没有成就"的防御，也就是对"不优秀""没有成就"的自己的不接纳。尽管通过努力他们其实已经很优秀了，但这种"不优秀""没有成就"的担心一直存在。一个人只要内心存在这样的焦虑，就需要付出更多的努力去抗衡这种焦虑。

一个对自己的"不够好"充满防御感的人，怎么可能真正自信起来呢？这说明他对自己充满怀疑，即使外在的条件改变了，他内心那种糟糕的核心自我假设也没有随之改变。

那么，我们如何才能走出自卑，建立真正的自信呢？

（1）接受自己是个凡人的事实

一个人要想走出自卑，最重要的是从内心里做到接纳真实的自我。这听上去很容易做到，但实际上并不容易。

要做到接纳真实的自我，我们首先要做到直面自我。很多人都做不到直面自我，因为直面自我需要强大的心理素质。

在成长的各个阶段中，我们采用了各种防御机制来避免自己受到创伤，这叫作自我保护。一个人如果没有足够强大的心理素质，内心没有较强的安全感，就很难做到直面自我。在条件不足时，直面自我可能会让一个人彻底崩溃。

我们可以依靠缔结一段结实可靠的关系，慢慢地去建立内心的安全感。在安全感充足的情况下，我们才有能力直面自我。

自卑的人一般很难直面自我。可能因为他们早年和父母的关系不好，时时发生冲突，父母没有给他们提供安全的环境，给他们提供得更多的是一种苛责的、有压力的环境。在这种环境中，自卑的人没有直面自我的机会，因为他们面对的往往是无尽的紧张和压力，以及为摆脱这种状态所做的努力。

而对于能够直面自我的人来说，在其幼年时，父母一般都是作为一个清晰稳定的镜像存在，能够给他们提供足够稳定和一致性的回应，使他们对自己的缺点和优点的认识比较客观。但是一个人如果早年在亲子关系上同父母存在隔阂，就会通过外界的反馈认识到一个糟糕的自己，为了避免这种体验，就会出于本能逃避直面自己，并且会一直持续下去。

是的，很多人付出了很多努力，做了很多事情，取得了很多成就，本质上就是为了能够不直面自己。因为在他们的核心自我认知里，自己是糟糕的、不被认可的，甚至是可怕的。

如果想要纠正这种错误的认识，我们就需要在一段安全的关系里，重新面对真实的自己，看看自己是否真的那么糟糕，然后重塑自我认知，建立对自我认知的客观评价系统。

（2）走出自恋和完美主义

完美主义也是一个老生常谈的话题。很多时候，我们觉得一个人有完美主义倾向，似乎更多的是指这个人存在自我要求过高、苛责自己的行为。实际上，一个人的完美主义倾向还可能是过于自恋导致的。

当一个人用不正常的、完全高于常人的标准要求自己时，其实隐含了一个信息，就是他不甘心做一个普通人，而希望做别人都做不到的事情。他不能接受普通人的标准，必须要做到更好。所以，高于常人的标准，才是他的标准。

我们每个人都是普通人，每个人都有烦恼和优缺点，接纳这一事实的过程，也是一个摆脱不切实际的全能自恋的过程。需要注意的是，接纳自己是个平凡的人，并不意味着甘于碌碌无为地过一生。实际上，一个人只有接纳了自己，对自己的优缺点心知肚明，然后在现实中不断努力，才更容易获得成就。

很多人之所以不敢降低要求自己的标准，或者屏弃对完美主义的执着追求，是因为这些标准可以帮助他们维持自己想要超凡脱俗、"不泯然众人矣"的理想和期待。但遗憾的是，我们用这种标准来苛责自己，对于取得成功往往是于事无补的，甚至还会消耗自己大量的心理能量用于内心的自我建设，最终导致自己裹足不前。

通过弥补内心的自卑获取成功的情况也有，但是这样会让人感觉很累，往往付出的代价也会很大，而且这种成功不可持续。一个真正成功和优秀的人，他的内在成长和他的外在表现一定是同步的，甚至超越了外在表现。即使这个人暂时失败了，但还能站起来，因为他有再次站起来的实力。

接纳自己意味着对自己进行全面洞察。一个人对自己理解得越深刻，就会对别人越理解，进而对人性也会理解得越来越深刻，这样就不容易陷入自卑中。

所以在一定程度上，你之所以感到自卑，是因为你不了解这个世界，更不了解你自己，还在忙着处理幻想世界和幻想中的自己的关系。那么，你在面对真实的世界时必然存在障碍。

（3）更新自己的价值判断标准

自卑的人大多数意识不到他们一直在使用一些不易觉察的僵化的标准来评价自己，不管他们取得了多大的成就，都无法把外在的优秀内化到自己的那套评价标准里。

这些不易觉察的僵化的标准常常包括：

第一，经常拿自己的不足跟别人的长处做比较。

个子矮的人专门找个子高的人比身高，结局只能是惨败。自卑的人会因为自己的某些不足之处而一直"耿耿于怀"。类似的情况太多了，比如有个女生仅仅因为脸上长了一块斑，就常年不敢见人。在她20多年的人生里，一直被这块斑折磨着。听起来很荒诞，但这是发生在我身边的真实故事。

我们得承认，生活中确实随处充满比较，但我们在做比较的时候，其实很少在两个人之间将单一的条件进行比较，一般都是综合比较。其实，真实的比较结果很可能是：你虽然个子矮，但你幽默、会说话。所以综合来看，个子矮的你并不一定比个子高的人差。同理，虽然你脸上有块斑，但你身材好啊……

生活的真谛在于利用好你手里已有的资源，去打好人生这场牌。如果你的眼睛和内心只盯着自己的不足和缺陷，往往就会在错过了太阳之后，继续失去群星。

第二，只关注自己做得不够好的地方，完全忽视自己做得好的地方。

如果一个人不能停下来好好审视自己内心那些僵化的标准，出于惯性，他就会被僵化的标准控制，持续使用这些僵化的标准来评价自己。

学会反思很重要。一个人在取得一定的成就后，要学会停下来，把新发现的自己的优点梳理一下，纳入自己的评价体系里，充分认识自己、觉察自己，摆脱那些不合理信念的束缚；当遭遇挫败时，更要学会停下来，把自己暴露出来的缺点梳理一下，该吸取的教训就会因此变得清晰起来，从而避免把失败泛泛归因于"自己不够好"。

自卑常常是思维懒惰的一种表现。

所谓思维懒惰，主要是指缺乏把自己当作一个对象去研究分析的思维。这就像做项目，一个人如果不经常进行方法论的总结，任由每个项目带着自己跑，就会越做越累。即使他取得了一些成就，但如果不及时更新对自己和他人的认知，那么这种成就很有可能无法持续下去。

生命如道场，自我修炼是持续一生的过程。如果一个人

只关注外在的成就，而不去觉察和反思自己的内心，就容易陷入迷茫。

从现在开始，请停止用早年的惯性思维思考你的人生，学会成为一个能够独立思考的人，这是你走向成熟和自信的第一步。

/为什么你总觉得自己不配被爱/

在现实中,对于很多人来说,付出爱很不容易做到,但还有一类人,他们很难接受别人的爱,俗称"被爱无能"。

你可能会觉得诧异:什么?世界上还有讨厌自己被爱的人?

没错,确实有这么一类人,他们无法接受别人爱自己:遇见自己喜欢的人或者喜欢自己的人,他们都会选择回避;他们不敢接受别人的爱,无法构建让自己满意的亲密关系;

在生活中，他们从来不敢麻烦别人，也不敢表达自己的需求；他们习惯为别人付出，从为别人的付出中确认自己的价值；他们习惯性忽视自己，看不到自己本身具有的价值。

"被爱无能"的人总是在感情萌芽的时候就开始感受到压力，最终选择回避、逃离，从而无法跟自己喜欢的人在一起。

我的一位女性朋友就曾有过这样的经历：追求她的男生已经到了她家楼下，还是被她硬生生地拒之门外。结果呢？她自己偷偷躲在家里心痛落泪。其实她并非不喜欢那个男生，而是总觉得一段美好的爱情似乎不应该属于自己。对于两个人相亲相爱这种场面，她根本想象不出来，所以在面对自己喜欢的人时，她不是感到激动、兴奋，而是产生了巨大的心理压力，最后只能选择用逃避和拒绝的方式来应对。

她对我说："我其实就是觉得自己配不上他，觉得自己不应该和他那样优秀的男生交往。"

"我害怕在靠近他以后,暴露出自己真实的一面,这一定会让他失望。"

"与其最后让他失望,不如放弃开始。"

对于我的这位女性朋友来说,她在潜意识里始终认为没有人会真的爱她,没有人会喜欢真实的她,所以这么多年里她错过了很多追求她的人。

对于自己的这种状态,她深恶痛绝,但又始终无法摆脱,因为那是她从小就习惯了的一种状态。

有些"被爱无能"的人,他们感觉自己配不上的有时并非具体的人,还可能是抽象的爱,比如认为自己不配拥有爱情。

总之,他们都是因为"被爱无能",所以才让自己一直处于一种"无人爱"的状态。

我的一位女性来访者小菁,她遇到的问题是:在每一段感情中,自己总是"被分手"。

一旦和对方确立关系后，她付出的爱就会越来越多。而对方对她的爱却越来越少，往往从一开始的热情、迎合到后来变得沉默，继而冷淡、敷衍，接下来便是实施冷暴力，最终向她提出分手。

每一次，小菁都是"被分手"的一方。

小菁将此归结为男女在处理感情问题方面的差异，心里觉得很不公平。

"我不明白，我那么爱他们，那么关心他们，我对他们比对自己都好，为什么他们最后都要离开我？"

我问她："这些男人都为你做过什么，让你如此不顾一切地对他们好？"

小菁停顿了一会儿，若有所思，然后说道："难道他们需要为我做什么吗？"接着她又说，"他们确实没为我做过什么，可我对他们那么好，难道他们不觉得感动吗？有男人会讨厌为他们付出很多、很爱他们的女人吗？"

从小菁的话中我感受到的是，在每一段感情中，她的心里全是对方，无时无刻不在想着如何满足对方的需求。她不明白的是，恰恰是自己无微不至的付出以及无条件满足对方的需求，才让对方觉得这份爱索然无味。因为他们的内心大概想的是:"我都不需要为你做些什么,你就对我这么好。那么我的价值在哪里?我在这段关系中到底有什么用?看来我只好什么也不去做了!"

在恋爱中,一味拼命付出的人似乎总是在构建这样一种关系:"我是妈妈,你是婴儿,让我证明我是个好妈妈吧。"

长期被人放在"婴儿"的位置上,这对于正常的男女来说,心理上一定得不到满足,因为他们也想付出自己的爱,也想在心爱的人面前证明自己的价值——感觉到自己被需要、被依赖。

尤其对于男人来说,在恋爱中,感受到自己被依赖、感受到自己有价值,是一种不容忽视的心理需求。

但是对于付出型的"被爱无能"的人来说,他们剥夺了对方的正常心理需求,在恋爱中只付出爱,却很少接受爱,甚至刻意逃避对方的爱。如此一来,他们就使对方长期处于一种"只能接受爱,无法付出爱"的尴尬境地。这会让对方无法把自己的爱意和深情投注到爱的对象上,最终导致这段恋爱无法深入发展,甚至破裂。

"被爱无能"的人,实际上就是无法让别人对自己爱得更多，不允许别人比自己爱得更多。这样的结果可想而知，对方真的就渐渐地不再爱你了。

颇具讽刺意味的是，"被爱无能"的人本身却意识不到这一切其实是自作自受。

"被爱无能"的人，在生活中的典型表现还有不敢麻烦别人，不敢表达自己的需求，以及不敢向别人索要什么。

前面提到的来访者小菁，她在生活中的其他关系里同她在亲密关系里的状态是差不多的：自己总是在为别人提供帮助，却从来不敢麻烦别人，也很少提出自己的需求，更不用说向别人索要什么。

在单位，小菁除了做好自己分内的事情，还总是做很多原本不属于她工作范畴内的事情。因此，虽然她的年龄不大，但大家都管她叫菁姐，因为但凡大家有事需要帮忙，她总是随叫随到，真的像一个任劳任怨的大姐。然而，每当她自己遇到麻烦时，她却很难开口去寻求别人的帮助，无论遇到什么问题，都自己解决，以致工作压力越来越大。

小菁来找我做咨询的时候，似乎已经处于情绪崩溃的边缘。

我问她："你看上去在生活和工作中人缘都很好，为什么会让自己有这么大的压力？难道你从来不向周围的人倾诉自己的压力和困难吗？"

小菁表示，她很害怕自己麻烦到别人，而且也没有什么可以倾诉的朋友。她跟朋友之间的关系基本都是自己单向付出的关系，因为她不知道如何表达内心的需求。

可是，每个人在遇到困难、面对压力的时候，都想得到别人的安慰。小菁每周来找我做一次咨询，只是为了能有个人听她哭一会儿。因为向我支付了咨询费，所以她心里没有那种麻烦别人的不安和歉意。

我很心疼小菁。在她的眼里，这个世界似乎到处都是需要她为之付出的对象，却忘了自己也需要别人的付出。她不敢相信自己值得别人为自己付出，因此便无法心安理得地接受那些为自己付出的人。

因为在小菁小的时候，没有人为她付出过，她一直都在"被要求"：要懂事，要让父母开心，要满足父母的期待。如果她达不到父母的要求，就会遭受嫌弃与指责。小菁的父母从来没有尝试过满足自己女儿的要求,也从未意识到女儿其实也有自己的需求。似乎从小菁出生那一天起,她就不是一个孩子,而是一个需要满足父母期待的"保姆",不应该有自己的需求。一旦小菁有需求,就意味着要麻烦别人,这不仅不会得到满足,还会引发父母的厌恶。

很多像小菁一样"被爱无能"的人,从小就在被要求"懂事""乖巧""不给父母和别人添麻烦"中度过,他们早就忘了自己原本也有需求,忘了自己也有需要别人满足自身内心要求的权利、值得别人满足自身内心要求的价值。

所以,当有人为他们付出爱的时候,就会引发他们内心强烈的不安感。他们心里似乎总在说:"我算什么东西啊,值得你这样对我?"

这大概就是早年在跟父母互动的过程中,他们一再从父母那里得到的感受:我的需求不重要,我不应该被重视,甚至我不应该存在,更不应该给别人带来麻烦。

5

一个人在小的时候如果总是被当作大人或工具对待，就会认为自己的需求不重要，甚至不应该存在。在他的意识中，唯一重要的事就是满足别人的需求，那才是体现他自身价值的事。

他看不到自己，习惯性地忽视自己，因为他没有被人看见、被人满足自身需求的经验。在潜意识里，他觉得自己是低人一等的，因为他的所有经历都证明：别人比自己重要，所以自己跟别人不可能是平等的关系。

通常在这种情况下，在潜意识里觉得自己低人一等的人，在早年跟父母构建的关系里，父母是高高在上的，他们是要围着父母转的。他们在同父母构建的关系里从未被确立过主人翁的地位，学到的都是如何照顾人、伺候人，他们无法想象自己被人照顾、被人爱的场景，甚至认为那样的渴望不应该属于自己，长大后自然缺乏心安理得地向别人索取的底气。

这样得到的结果便是：自己不爱自己，也无法让别人爱自己，反而导致别人习惯性地忽视自己。所以，"被爱无能"的人更容易吸引自私冷漠的、只知道无限索取的人。

这样的人，真的很让人心疼。

那么，如何才能终结这种"被爱无能"呢？

"被爱无能"的人对自己、他人、亲密关系以及对爱的理解存在很多错误的认知，这些错误的认知包括：

"我的需求不重要，我不应该满足自己的需求，更不应该通过麻烦别人来满足自己的需求。"

"别人的需求很重要，我的价值就在于是否最大限度地满足了别人的需求，是否对别人有用。"

"因为维护亲密关系的唯一方式是付出，所以我不能亏欠别人，不能让别人为我付出得更多，这样别人就不会再爱我了。"

"在任何一段关系中，我都不能做得不好，不能不满足别人的需求，不然出了问题就是我的责任。"

"只要我满足了别人的需求,别人就会爱我。"

……

一言以蔽之,"被爱无能"的人认为,在任何关系中,自己的价值在于满足别人的需求,如果不能满足别人的需求,就是自己做得不好,那么自己就是无价值的、不值得被别人爱的。

所以"被爱无能"的本质就是:自己不爱自己,自己对自己爱无能。

他们因为习惯了太多的"不被爱",所以把"不被爱"看作正常的状态,而把"被爱"看作一种不切实际的幻想。

"被爱无能"的人在内心深处潜藏着大量的"嫌弃"与"被嫌弃",正是因为这些"嫌弃"与"被嫌弃",使得他们在构建亲密关系时,要么因遭到别人的嫌弃而"被分手",要么令自己处于嫌弃别人的痛苦里。

他们的付出只适用于构建表面和谐的浅层关系,一旦遇到往深处发展的关系,就会触发大量的嫌弃、恐惧情绪。因为在一段关系里,每个人都无法回避自己真实的需求和渴望,而这些需求和渴望曾经给"被爱无能"的人带来过无法磨灭的创伤记忆。

"被爱无能"的人在内心深处有着深深的羞耻感。

因为羞耻感，他们不敢心安理得地接受爱，不敢理直气壮地麻烦别人；因为羞耻感，他们习惯性地忽视自己；因为羞耻感，他们在潜意识里觉得自己不配获得爱。所以，在一段关系里，他们要么杜撰自己被别人嫌弃、抛弃的情节，要么把这种嫌弃投射出去，杜撰嫌弃别人、抛弃别人的情节。后者正是我们说的"爱无能"。

总之，他们有共同的观点：

"我（你）算个什么东西啊，怎么配被人爱？"

"要得到爱，自己得很完美才行啊。"

"要得到我的爱，你得很完美才行啊。"

想要终结自己的"被爱无能"，就需要学会处理面对自己时的那种羞耻感和嫌弃的心理，告诉自己：我值得被这个世界好好对待。

电影《心灵捕手》里，桑恩对威尔说："躲避和不信任，是因为我们曾经被应该爱我们的人遗弃。"

但接下来桑恩使劲地摇晃着威尔的身体，大声说："这不是你的错！"

所以，请把"羞耻感"和"嫌弃"扔给那些真正犯了错的人，不要承担原本不属于自己的过错。你要明白，你没有什么可感到羞耻的，也没有什么被人嫌弃的地方。

学会好好爱自己，只有这样你才有能力接受别人的爱。

/ 信任是一种能力，也是一种选择 /

因为天性的差异，每个人都有各自的好恶。但是你有没有发现，随着年龄的增长，我们似乎越来越容易发现那些让我们感到厌恶的东西，却越来越难找到让自己喜欢的东西。我们经常感慨生活太无趣了，它像围城一样将我们困在其中，仅仅为了让自己开心一些，我们就要拼尽全力。

我们越来越清楚自己不想要什么，却越来越难得到自己想要的东西。

想起童年自由烂漫、无拘无束的时光，我们纷纷感慨：

难道成年人的世界真的意味着束缚、无聊和冰冷吗?

成年人的世界跟孩子的世界确实不一样,因为一个人成年的特征就是学会对自我负责。意识到这一点,是一个人走向成熟的标志。

我发现,我们之所以感慨生活无趣,是因为过多地内化了外界的标准,并且为了达到那些看似优越的标准逐渐牺牲了自己的天性。

我们在生活中过多地使用了"排斥"规则,而不是"容纳"规则。这样做的后果就是:我们都深陷"排斥"的牢笼,处于孤独、怀疑与冷漠之中。我们互相攀比、互相指责、互不信任,同时又追求优秀和卓越,却让自己的生活陷入冰冷的竞争中。

习惯使用"排斥"规则的人,容易让自己的生活充满压力。因为在他们的潜意识里,社会就是一个战场:"我必须足够优秀,才有在社会上立足的资本,为此我必须不停地进取。我无法停止跟人比较,更害怕被别人比下去,那样让我很没有安全感。"

这种人很难和他人建立健康和谐的关系，因为他们的自信是建立在自己比别人优越的基础之上的。或许只有在面对那些外在条件不如自己的人的时候，他们才会显得比较自在，因为他们觉得这些人对他们的威胁比较小，不会破坏他们内心的安全感，所以他们不必紧绷防范的神经。

准确地说，他们的这种行为更像是一种施舍。

事实上，那些在潜意识里觉得自己不够好的人，才会过度使用这一规则，也就是觉得自己不如别人，然后在意识层面做出过度补偿："我要比你们都好。"

一个人如果在早年接受了"人有高低贵贱之分"的观念，那么他一定会过度追求"高"和"贵"，避免让自己陷入"低"和"贱"之中。

一个人如果在早年处于"弱"的位置，体验过因为自身的"弱"而带来的无助感，那么他在成年后就一定会避免让自己再次处于"弱"的位置。

总之，他要"高高在上"，因为他不敢承认自己的平凡。

3

或许他们不会伤害任何人，但是他们却无法信任任何人。

当他们跟别人接触的时候，会习惯性地看到别人身上的缺点，因为他们的内心充满了批判，而不是接纳。

他们自以为很善意地指出别人的不足之处，却常常引起别人的反感。这也是很多人在人际关系中经常遇到的问题：有些人总是关注并指出别人的缺点，希望别人做出改变。

其实维护一段关系的秘诀在于赞美与信任。信任是一种能力，也是一种选择。信任意味着当我们跟一个人接触时会优先关注他的优点，这样便能看到他的过人之处。我们要坚信人人都有独一无二的价值。

信任别人就是信任自己，我们要相信自己足够好，不需要拼命抓住很多虚幻之物来装饰自己，只需要脚踏实地地往前走。

我们不害怕被打败，不害怕出洋相，更不害怕别人看不起自己。当我们觉得自己在某些方面做得不够好的时候，我们可以努力提升自己的能力，而不是拼命维护自己。

当我们把自我看作一个一成不变的僵化之物，而不是一个需要成长的生命时，我们的发展就会受限。

催眠大师斯蒂芬·吉利根说："不要像握着一把剑一样地握着你的生命，而要像握着一只鸟一样。"

有人会说："不是我不想信任别人，是因为这个世界太乱了，让我不敢信任任何人。"

接下来我们谈一下什么是成熟的信任观。

首先，信任是一种选择，你选择信任别人，但不能要求别人一定回馈给你同等的信任。

当你的信任得不到回馈时，你是不是会从此放弃信任别人？

很多时候，我们对别人的不信任感就是这么建立起来的：一次创伤，终生恐惧。比如曾经在恋爱中受伤，从此以后就不再相信爱情；曾经遭遇过一次背叛，就觉得自己终生不能幸福；曾经遭遇过一次失败，就终生不敢再次挑战人生。这些都是我们常犯的错误。

其次，信任别人成全的是自己。

通过信任别人，你将自己从恐惧的牢笼里解救了出来。因为你选择了信任，所以你遇见美好的概率就会大大增加。

最后，表达你的正向渴望。

简单讲就是："我觉得你能行，我信任你。"

"我渴望……"

评判和纠正别人，在本质上都是不信任别人的表现，并且是一种不尊重别人的表现。当你能够表达自己的正向渴望时，别人就容易感受到你的信任，同你建立和谐的关系。

/ 看得见的是自卑,看不见的是关系 /

如果让我列举当代人的心灵顽疾,自卑绝对排第一位。

应该说,每个人的内心或多或少都存在着一定的自卑心理,也就是自我感觉不太良好,总觉得自己有问题,害怕别人评价自己。

在很多人的认知里,自卑可能因为自己不够优秀,所以他们拼命地提升自己各方面的能力,试图让自己变得优秀,从而摆脱自卑。

然而经过一番努力后,依然于事无补,有的人甚至越努力越自卑。

问题究竟出在哪里?

从心理学上讲,一个人是否自卑,跟他的优秀程度没有关系,而是和他早年的亲子关系有很大关系。也就是说,如果父母一直用一种完美的、不断升级的标准来要求孩子,不接纳孩子的天性,就会导致孩子对自己感到不满。因为孩子无论如何都达不到父母的要求,即使取得了一些成绩,父母也总是视而不见。

从小生活在这种环境中的孩子,内心只会感到痛苦。这些父母天真地以为,只要对孩子不断批评和督促,孩子就会取得进步,最终成为符合自己期待与要求的"完美的孩子"。

奇怪的是,很多我们推崇的道理,在实际生活中却被忽略了,比如"己所不欲,勿施于人"。很多父母明明自己曾经的学习成绩不好,却不允许自己的孩子学习成绩不好。他们把孩子当成自己人生的拯救者,当自己的梦想破灭后,就不停地去要求孩子，期待在孩子身上实现当初的梦想。

在有关情感关系的问题上，有个名词叫"因爱之名"。这个词不仅仅适用于爱情，也适用于亲情。

一个在早年不良的亲子关系环境中长大的孩子，成年后很难接纳真实的自己。在他小时候父母总是盯着他的缺点，看不到他的优点，他长大后就会使劲盯着自己的缺点，经常攻击自己，觉得自己特别不堪；在他小时候父母总是盯着别人家小孩的优点，拿别人家小孩的优点跟他的缺点对比，让他感觉相形见绌，他长大后也会不自觉地盯着别人，用别人的优点衡量自己的缺点，使自己陷入自卑的境地，无法自拔。

因此，一个人的自卑并不是能力的问题，它源于早年形成、成年继承的强迫型的"虐待"关系。小的时候，父母的不良教育模式导致了"虐待"型的亲子关系；长大后，我们主动替代父母，继续过这种"自我虐待"的生活。

4

我们总是把自卑归结为自己的能力问题，但是它在本质上是关系问题、是世界观的问题。

为什么说自卑是世界观的问题？

因为长久以来，我们太喜欢用别人的标准来定义自己了。所谓"别人的标准"，就是指集体的标准。这就导致我们很难接纳真实的自己，渐渐地，我们对真实的自己不屑一顾，反而一味地追求集体的认可。

一个人要想真正摆脱自卑，首先要改变的不是自己，而是自己看待自己的方式，以及搞清楚自己跟这个世界的关系。

你用肉眼看到的是自己的自卑，但在这背后，需要你用心看到的却是千丝万缕的关系。

/"应该"——一座自我设限的牢笼/

我的一位来访者说,尽管他的物质生活条件很好,但他仍觉得自己的生活质量很差,每天过得没有意思,生活死气沉沉的。

在咨询的过程中,他会反复提到他的个人资产和收入,也只有在这个时候,他会显得比较"快乐"。每次聊完他光彩的成就,当进入别的话题时,他就立刻陷入一种萎靡不振的状态。

"然而,这一切有什么用?我还是很不快乐。"

与别人的抑郁情绪不同,他的抑郁情绪里夹杂着很多愤怒的情绪。

"我想我能理解你的心情。你觉得这个世界似乎欠了你很多,所以这让你感到很愤怒吗?"

"难道不是吗?!我这么努力地工作,但是生活并没有给我想要的回报,我没有碰到一个情投意合的爱人,也没有过上自己想要的生活。"

"你觉得你努力工作,已经成为有钱人,生活就应该及时有所回馈——情投意合的爱人、舒适惬意的生活?"

"难道不应该是这样的吗?"

……

另一位来访者是一位长相漂亮、才华出众的姑娘。

她迟迟不谈恋爱,原因是没有人符合她想象中的男朋友的样子。她感觉非常委屈,有时又非常愤怒,还时常哀叹自己命苦。

我问她:"你觉得男朋友应该怎么对你?"

"我的男朋友应该懂得欣赏我的优点。"

"你希望男朋友把你当'女神'对待?"

被我这么一问,她感觉有点儿不好意思了。

实际上,她也确实够得上"女神"的级别,身高一米七、海归、高颜值,自己开了一家公司,家境良好。

可问题在于她似乎太把自己当"女神"了,和她有过短暂的接触后,我便能通过她的言行举止认定:生活中的她一定是无论走到哪里都摆出一副高冷的样子,然后等待周围的人去膜拜自己。她有时感到非常愤怒,因为别人并没有像她想象中的那样对待她。

我问她:"你有没有想过周围人的感受?"

经过她的同意后,我试着在她面前扮演了一下她在生活中的样子。她看完我的"表演"后禁不住笑了起来。

她说:"你的意思是,我是个白痴?"

"不是。但你刚才说话的语气似乎不像'女神'了,我感觉你离真实的自己更近了一些。"

她很聪明,立即有所领悟:"难道因为我平时太端着了,所以大家都不喜欢我?"

"如果'女神'这个标签不能让你感到快乐的话,你为什么还要死死抓住它?你如果把自己活成一个僵化的角色,就让自己在别人面前成了一个木偶。"

在生活中,有太多想把自己活成"女神"的人,她们总是把自己在身份、收入、头衔等方面的优势当作资本,期待别人会对自己"顶礼膜拜"。

在商业活动中,或许这种策略还有点儿用处,但是在亲密关系或者正常的人际交往中,假如你四处以"资本"示人,只会让人觉得无法了解真实的你,从而很难跟你建立良好的关系。

别人需要的是一个爱人或者一个有血有肉的朋友,不是一个故作高冷的"女神"、高高在上的"精英"。

事实上,每个人的思维里都有很多自己意识不到的"应该",不经意间就被这些"应该"绑架了。

"应该"思维来源于我们早年被灌输的某些价值观或者我们在成长过程中得到的某些经验。这种"应该"思维有时对我们有着积极的意义,但更多的是限制了我们的生活。

我在前文中举的两个例子，都反映了所谓成功人士被"应该"思维所限制的问题。他们因为实现了某种世俗意义上的成功，就想当然地对世界和他人有了很多"应该"的要求，结果却让他们大失所望，所以觉得这个世界很不公平。这是因为自身的骄傲而产生的对周围事物的不接纳，进而导致自己痛苦。

还有的人是因为没有达到自我要求或标准，而产生另外一种不接纳：对自我的不接纳。他们往往在追求成功的道路上遇到了障碍，暂时没有达成目标，因此陷入深深的羞耻感之中，进而发展为严重的自我攻击行为。

没有得到过父母无条件关爱和接纳的孩子，不知道爱是什么，真实又是什么，他们更不相信爱和真实。因为父母在他们小时候看重他们的成绩多过他们本身，所以他们长大后也喜欢用一些功利的符号去跟外界建立链接。就好比下雨的时候，他们感受不到雨天的美，只能想到下雨可能会给自己带来的损失。

结果当然是痛苦的，因为他们无法展示真实的自己，总是感到不踏实。

4

"应该"思维是我们在头脑中自以为是地构建出来的,我们还根据这种思维去限制自己、限制别人。我们总是要求自己和世界先符合这种思维,而不是先去感知这个世界。我们无法放下评判、放下成见地去审视自己和别人。

乔布斯说:"Stay hungry , stay foolish."

这句话翻译过来是:"保持一无所有,保持一无所知。"

为什么要保持一无所有、一无所知呢?因为我们对"有"和"知"不加警惕,就会被它们误导,从而迷失自己,陷入一层层妄念中,最终背离真实的生活。

在心理学上,我们之所以探讨原生家庭、探讨一个人的成长史,是因为人是经验的奴隶,每个人都容易活在自己过去的经验里,而且把这些经验当法宝,早已被这些经验困住,自己却浑然不觉。

乔布斯的这句名言是在告诫我们,一定要警惕自己所谓的"经验",让自己退回到一种一无所有、一无所知的状态后再去审视一切,保持初心。

我们太习惯于用成长中的得失来定义自己，有时把成功者当成自己，有时把失败者当成自己。实际上，所有这些都不是真实的自己。真实的自己就是一个一无所有、一无所知的人。因为一无所有、一无所知，所以你无惧失去。也因为最终必将一无所有、一无所知，所以你也不会对"有"和"知"怀有强烈的执念。

生活中，"应该"思维会给我们制造很多愤怒和怨恨。当你总是处在愤怒和怨恨的情绪中时，不妨先停下来，听听内心的声音，然后问问自己：

"你在要求自己做什么？"

"你在要求别人做什么？"

"你为什么会有这种要求？"

"如果你的要求没有得到满足，你就会失去什么？"

……

每个人都期待世事如我所愿，但那仅仅是期待而已，它不是世界运转的规律。当世界没有按照你的期待运转时，你需要做的就是放下你内心要求的那些条条框框，以一种好奇的心态走向自己、走向他人、走向这个世界。

放下"应该"，让感受流动。

/ 生活不是战场,而是一段时光 /

你是不是经常感觉自己身体僵硬、情绪焦虑、身心无法放松?

如果你回答"是",那么你可能陷入了一种弥漫性的紧张状态。

在一些情境中,我们能够意识到自己的紧张情绪,比如见一个陌生人、刚毕业参加工作、面对一次重要的考试、当众发言、没能完成一项很重要的工作……

在这些情境中我们之所以能意识到自己的紧张情绪,是因为往往此时我们的身体会有明显的紧张反应：心跳加速、出汗、脸红、颤抖、说话没有底气等。

在另外一些情境中，我们意识不到自己的紧张情绪，但身心紧绷，也处于一种焦虑状态。这些情境常常出现在社交场合或者在我们独处的时候，那种紧张的感觉就像一种弥漫性的背景，构成了我们生活的基调。

有时我们会说："××是一个容易想得多、精神紧张的人。"

"××有焦虑型人格障碍。"

"××总是多愁善感，一旦有点儿事就睡不好觉。"

……

其实，比起那些显著的紧张情绪，这种弥漫性的作为日常生活基调的紧张情绪对我们的伤害可能更大。因为它不容易引起我们的重视，经常被我们当成一种性格特征而忽略掉，或者我们根本意识不到自己是个容易紧张的人，除非有人提醒你：你的脸部肌肉很僵硬，你其实一直没放松。

这种被习惯性忽视的隐性紧张情绪，很难被我们发现和纠正，它使我们战战兢兢，无法放松地展现自己的能力，也无法享受生活的快乐。

为什么我们总是很紧张?

之所以会紧张,有一小部分原因同人先天的气质类型有关,也就是同神经类型有关。

比如属于抑郁气质类型的人,其神经类型为弱型、不平衡型,所以当遇到外界刺激的时候,他们因为神经的调节能力偏弱,因此抗刺激的能力也就偏弱。为了避免外界刺激对自己造成过强的冲击,他们会相应地展现出保护自己的姿态,变得极为敏感,草木皆兵。

但除了先天的因素,更多是由后天因素造成的。

(1) 互相攻击的家庭氛围

托尔斯泰说:"幸福的家庭都是相似的,不幸的家庭各有各的不幸。"

有一种不幸的家庭,就是互相攻击型的家庭。

在这样的家庭里,家庭成员养成了一种相互找对方的缺点、找对方的碴儿,以获取自身力量的奇葩的相处方式。

起初可能只是夫妻间的相互不满、相互贬低、相互攻击，做彼此的差评师，从来不夸奖对方。后来有了孩子，这种相处方式就蔓延到父母与孩子的相处中。

也有可能在这种家庭中，夫妻间不存在相互贬低，但孩子总是成为被贬低、被攻击的对象。语言暴力纷飞，让孩子时刻处于一种心惊胆战的状态。

更严重的问题是，日复一日地生活在这样的家庭里，一个人是很难放松的，因为不知道什么时候就可能触碰某个"地雷"，或者哪里炸响一个"炮仗"，所以他得时刻保持高度的警惕性。

很多孩子从小就处于神经衰弱、头痛紧张的状态，去看医生，往往也得不到一个明确的检查结果。

我建议有这种症状的孩子的家长，先审视一下你们给孩子构建的家庭环境。它是不是一种放松的环境，孩子能够在其中自由自在地释放天性吗？很有可能孩子神经衰弱、头痛紧张，就是由你们构建的过于紧张压抑的家庭环境导致的。

（2）情绪不稳定、脾气暴躁的父母

这类父母总是喜怒无常，情绪就像过山车。对于孩子来说，他们营造的家庭氛围是不容易适应的瞬息万变的环境。

在瞬息万变的环境里长大，就必须时刻保持警惕——这是每个生物生存的本能。所以在这种环境中成长的孩子总是提心吊胆，时刻保持警惕，自然就容易紧张。

（3）规矩比人重要的家庭

有的家庭很奇怪，给孩子定的规矩超级多：大到孩子的考试成绩，小到在沙发上坐着的姿势，应该穿什么鞋子、衣服，等等。

事实上，你会发现，这种家庭里的父母本身就充满了攻击性。所谓规矩，不过是他们释放自己攻击性的一个借口。

这些父母通常有着严厉的超我，他们在家庭生活中扮演的角色往往更像警察，而不是父母。

孩子生活在这样的家庭氛围里，一定是压抑的、无法放松的。他们必须时刻遵照规矩去生活，而不是自由轻松地生活。

这样的孩子长大后容易变得严肃、不放松，时刻表现得战战兢兢，因为担心自己和规矩发生冲突。

（4）缺乏安全感的孩子

一个人缺乏安全感的因素有很多，可能早年有过分离创伤，也可能遭遇过霸凌，还可能因为父母感情不和。

没有安全感的人，通常很难放松。

我曾经见过一个极度缺乏安全感的人。他每天只睡两三个小时的觉，抽很多的烟。他已陷入如此紧绷的状态，可想而知，他的生活质量一定很差。

（5）自我评价过低的人

自我评价过低的人，其紧张情绪是比较明显的，因为这通常跟他的自卑心理有关。他总觉得自己差，更担心别人发现自己的缺点，因此焦虑、敏感，无法放松。

毫不夸张地说，紧张已经成为很多人的一种生活状态。

有一个方法可以很好地帮我们检查自己是否存在隐性的紧张情绪。

自问：在大部分独处的时间里，你允许自己悠闲放松吗？还是总是感到焦虑，然后进行自我攻击？

很多人的回答恐怕是：很难放松。

那么，容易紧张的人，尤其是容易产生隐性紧张情绪的人，他们的内心到底是怎样想的？

（1）自我攻击比较多

这来源于要求严苛的父母和规矩太多的家庭。

自我攻击比较多的人，通常自我要求会非常高，他们的心里仿佛住着一个警察，时刻在监督着自己的一举一动，一旦发现自己没有达到标准，就马上实施惩罚。

一个自我要求很苛刻的人的内心就像一座战场，时刻在发生着战争。

如果将人的内心比喻为一个家的话，这样的人没办法给自己营造一种舒适的内心氛围，总是把内心的家当作审判场、断头台，时刻挥舞着手中的大刀和铁锤。

（2）对外界的不信任感很强

容易紧张的人很难真心依赖别人，他们要么让自己蜷缩成一团，要么表现得很强势，但这两种做法都无法让他们与别人构建和谐放松的关系。

他们对人际关系的理解往往是强与弱的关系、征服与被征服的关系，而不是相互依赖的关系。

他们还习惯对客观环境进行负面推测。

比如一些人在进入一个新的场合或者和一个陌生人见面时，总是容易紧张，因为他们最初对客观环境的基本假设都是负面的，认为别人都是不喜欢自己的。这些一闪而过的假设，往往来源于他们很久以前的经历。时至今日，这些经历依然左右着他们的行为。

更有甚者会对人群充满恐惧或敌意，将自己封闭起来。他们对内压抑自己的需求，像一个内压过高的密闭的瓶子，随时都有爆炸的危险。

（3）容易焦虑

有的人在生活中总是像热锅上的蚂蚁一样，没办法让自己静下来。他们心浮气躁、坐立不安，总觉得自己的状态不够好，总觉得还有很多未完成的事。

处于焦虑状态中的人，其本身的生活节奏是被破坏了的。每个人天生都有可以跟人或事物建立深层关系的能力，可他们却丢失了这种能力，只能跟人或事物建立浅层关系。通常情况下，这样的人做事都比较功利，也就是把自己工具化了，比如：

整天都在学习，但其实他根本不爱学习；

整天都在相亲，但其实他寻找的根本不是爱情，仅仅是一个适合结婚的人；

整天都在加班，但其实他并不热爱工作，拼命工作只是为了挣钱。

……

这些人为了一个个的"社会目标"而忙碌，但内心总是惶惶不安。

如果一个人对自己和社会缺乏足够的认识，就容易把自己完全功利化、工具化。

在当今社会，很多人之所以走在焦虑、抑郁的边缘，就是因为他们过度地把自己市场化了，按照市场价格对自己进行着一次次的售卖。

他们低估了自己的潜力，过于认同外界贴在自己身上的价格标签。

每个人都是无价的，只有充分地尊重自己、了解自己，去发展自己的兴趣，去爱真正值得爱的人，才能跟这个世界建立深度链接，活得从容踏实。

（4）过度地控制自己

很多人在按照"应该"的法则活着。所谓"应该"，就是指早年内化的关于外界的规矩。比如，每天应该完成多少任务，每天应该写几篇文章，不应该贪玩，不应该浪费时间，等等。

生活在"应该"法则里的人，管束自己时就像管束一个劳工。

那么，如何缓解甚至摆脱自己的紧张情绪呢？

你需要明白一点：生活不是战场，而是一段时光。

（1）停止自我攻击，学会享受生活

很多人对生活有着苦大仇深的认知，曲解了吃苦的含意。他们为了取得成绩、活得幸福，从来都不敢让自己过得轻松快乐。

请停止自我攻击吧，因为你只有让自己过得轻松舒服了，才能真正找到自己喜欢做的事，从而取得成功、收获幸福。

（2）尝试信任别人，在依赖中柔软下来

很多容易紧张的人攻击性都很强，因为他们不擅长与人合作，很难信任别人。

事实上，他们需要做的是尝试去信任别人，而不是攻击、打压别人；学会依赖别人，而不是过度保护自己脆弱的一面。

当他们同别人建立起彼此依赖的关系时，他们就会放松下来，那么他们的脆弱就有了安放之地，就不会再那么紧张和恐惧了。

（3）减少对自己的控制，扔掉不必要的"应该"法则

处处按照"应该"法则生活的人，容易把真实的自己搞丢，从而变得六神无主，惶惶不可终日。

一个人只有不刻意地控制自己，才会有放松的时刻。

所以，学会让自己慢下来，跟世界建立深度的链接吧，那样你才能找到自己的安身立命之所。

愿你好好享受生活，多倾听自己内心的声音，尊重自己，尽量放松下来。

PART 3

最好的关系，是亲近地保持距离

请停止向外界寻找"保护神"的幻想行为，学会对自己负责。无论外界环境如何，你首先要讨好的都是你自己。

/ 为什么你总是构建别扭的关系 /

　　上小学的时候,我的一个数学老师特别喜欢把我逗哭。

　　每次上课时,他总要喊我起来,让我回答一些莫名其妙的问题,然后看着我张口结舌回答不上来的样子,再对我进行一番调侃,直到我哭起来。

　　总而言之,这个老师发现了我爱哭的特点,因此每次上课都要把我逗哭。

　　每当我哭的时候,他会像做恶作剧成功了一样,兴奋地大叫:"看!看!××又哭了!又哭了!"然后全班同学哄堂大笑，我站在那里感觉异常尴尬、异常难过。

长大之后，在跟我的咨询师梳理自己这部分经历的时候，我发现自己很难描述清楚这段经历到底给我造成了什么样的影响。

当然，这件事对我是有一些伤害的，因为当时那位老师的行为使我感到深深的自卑，让我觉得自己是一个不够好的学生。我会想：为什么别人都不爱哭，为什么只有我这么爱哭呢？而且我一度以为那位老师是不喜欢我的。

有一段时间，我感觉自己非常厌恶他，但又不确定是不是真的厌恶他。不确定的原因是：我发现那位老师私底下其实非常真诚地在关心我，后来不论是我考上大学，还是在工作中取得了一些成绩，他都引以为傲。

当然还有一个原因，他是我妈的同事。我妈说他是个外冷内热的人，只是性格有点儿古怪。

直到现在我才搞明白他当时为什么会那样对我。因为他很喜欢童年的我，很想跟我亲近。可是对于一个"性格古怪"的人来说，他表达喜欢的方式，大概就是将对方置于一种尴尬的境地，最好是让对方"哇"的一声哭出来。

这很像青春期男生的作风，觉得一个人有趣、可爱，就会用破坏性的捣蛋的方式来表达自己的喜欢。

然而，这种方式当时真的让我感到反感、恐惧。

后来，我想那位老师之所以在学校里跟同事们的关系相处得都不是很好，恐怕很大一部分原因就在于他的表达方式常常让人难以理解，以致产生了很多负面的效果。

我的几位来访者在找我做咨询的过程中，都提到了自己在生活中和别人的别扭关系。

有的来访者是跟领导的关系别扭，工作中总是跟领导叫板、作对。有的来访者则是跟自己的老师、健身教练、室友等关系别扭。

在分析这些别扭的关系时，无一例外，当事人都没有意识到自己在这些关系中的真实需求。

比如那位总是跟领导叫板的来访者，他可能没有意识到自己在潜意识里对领导有很多期待：期待对方重视自己，期待对方喜欢自己，甚至期待对方独宠自己。

当他发现领导没有像他预想的那样对待他时，就会非常愤怒，于是采用"对领导不满""跟领导对着干"的方式来表达自己的失望。尤其是当领导重视别的员工、喜欢别的员工时，他的不满就会加剧，于是会用更加激烈的方式表达"我渴望被重视"的想法。

这跟恋爱中的人争风吃醋的行为有点儿相似。总之，他之所以这么做，就是因为渴望得到领导的重视和喜欢。他意识不到的问题是：如此在乎领导的重视和喜欢，会导致自己只会去关注领导的做法公平不公平、领导是否看得起自己。

他觉得自己是因为领导做事不公平，所以才跟领导闹别扭，却意识不到恰恰是自己对领导有很强烈的需求和期待，而又不愿意正视这种需求和期待，最终导致了他与领导的关系变得别扭。

总之，我跟你闹别扭是因为我对你有需求，渴望你在乎我、重视我，可是你没有这么做，甚至都看不见我的需求，所以我要反对你、攻击你。

那位来访者还说："尽管我反对他、攻击他，可我内心还是希望他可以包容我。"

结果可想而知，即使你的领导情商再高，为人再大度，你这样的做法也只会招致他的反感。慢慢地，领导就会真的对你有意见，真的开始厌恶你了。最后你们之间的关系就有可能发生断裂。

那位和健身教练关系别扭的来访者，起初也是希望健身教练能够在乎自己、重视自己。可仅仅因为健身教练一些无心的举动，她就觉得健身教练不在乎自己，于是在训练的时候故意手脚不协调，无论健身教练怎么教，她都假装学不会。

这便是一种无意识的报复行为，她是在表达对健身教练的不满，只不过她既没有意识到自己有多么在乎对方，又没有意识到自己的愤怒情绪。

当自己的需求被意识所压抑，最终导致她和健身教练的关系变得别扭。她习惯用不在乎甚至回避的方式来处理自己跟健身教练的关系，却不知道潜意识早就出卖了她。

正视自己的需求，是一种正义。

小的时候，我总是因为性格害羞、经常逃避社交场合而被家人批评。

我妈喜欢性格开朗大方的孩子，因此十分讨厌我忸忸怩怩的样子。从我很小的时候起，她就在不停地数落我，还经常发动家里人一起数落我。这导致的后果是：在很长一段时间里，我都在刻意回避跟人打交道，变得缩手缩脚。

长大后接触到心理学，我就在想究竟什么叫大方？

后来我终于有了自己的理解：大方，就是对于自身需求毫无羞耻感地确定和自信。

回想起来，我小时候之所以腼腆害羞，是因为我生长的环境并没有给我这种对于自身认可的确定感。相反，我妈总是在向我传递一种信息：你不够好，你不如别人家的小孩。因为我妈总是在表达她对我如何不满，以及我是一个如何糟糕的小孩。

当一个人不能确定自己到底够不够好的时候，就没法做到大方，因为他的内心对自己的存在充满羞耻感。

一个内心充满羞耻感的人如何能光明磊落、堂堂正正地表达自己的需求呢？或许，他从来没有得到一个机会或者空间去正视自己的需求。

不被支持和认可的人很难有底气去面对自己的需求，更不可能把它大方地表达出来。这时候，我们的潜意识就会用很多变形、伪装的方式替我们表达自己的需求。

比如，用指责以及表示不满的方式来表达自己渴望被认可、被重视的需求。很多人之所以都擅长使用这种方式，是因为在万千变形、伪装的方式中，这可能是对自己最无害而又收获最大的一种方式。一方面，通过指责别人、贬低别人，既会让自己体验到"我优于别人""我没有错"的优越感和清白感，又可以避免自恋受损。另一方面，通过指责别人、贬低别人，还可以把自己因为期望落空而带来的压力转嫁到别人身上，让自己感到轻松。

4

很多父母都是这方面的高手。

比如，有的父母放弃追求自己的事业，千方百计地想让自己的孩子成功。他们关注着孩子的一举一动，把所有的精力都用来培养孩子。他们的口头禅就是："我这么操劳，不都是为了你吗？""为了你，我不惜放弃了自己的事业！"

……

孩子们被道德绑架了，面对"必须成功"的信念，他们后退不得。有时他们也会觉得自己和父母的关系有些别扭，但是很难说出来哪里别扭。很多孩子在潜意识里可能就缺乏做事的动力，因此会无意识地通过把一件事情搞砸的方式，来表达自己对于这种道德绑架的愤怒。

很多父母把自己的人生期望寄托在孩子身上，让孩子来满足自己的需求，是因为他们空有对成功的幻想，却不愿意承认追求成功会遇到很多挫折，有时努力追求了也可能不会如愿。

他们不愿自己的自恋受损，于是"绑架"了孩子。他们似乎什么都不用负责，只管提要求就好了。这样的人发展到极端就会产生自恋型人格障碍：无法正视自己，对自己有无限夸大的认知。但是保持这种自我认知，需要通过否定外界、贬低他人才能实现，因此他们无法跟别人建立一种平等的关系，而只能建立充满剥削感、操控感的关系。

如果他们能够懂得，他们的自恋正是源于自己深入骨髓的自卑，或许就有希望走出泥淖，而不至于成为一个人人避之不及的人格障碍患者。

回想起来，从我学会正视自己的需求开始，我就变得不那么害羞、忸怩了。

正视我妈当年说的那些话给我造成的影响。

正视我有多么需要别人的赞美和认可。

正视我的现实条件，包括我的身高、长相、性格，以及能力。

正视我对成功与金钱的渴望。

正视我有世俗的一面，而不是否认它。

正视我的担心、我的恐惧。

……

曾经我之所以害羞、忸怩，是因为我的家人在表达自己的需求上有很大困难。比如我妈，她希望我给她争光，以补偿她人际交往能力的缺陷。但她不愿正视这一点，就给我的行为贴上很多标签，把她在人际关系中产生的焦虑转嫁到我身上。

当我确信自己原来一点儿问题都没有时，我就可以大方地表达我自己的需求了。

谁天生是害羞、忸怩的呢？不过是遭遇过无数次否定，不得已选择通过退缩进行自我保护罢了。

我们需要别人的认可、接纳、重视以及赞美，这是根植于所有人内心深处的渴望。所有的生命都渴望被看见，如果在实现过程中总是受阻，一个人就会在潜意识里通过一些伪装、变形的方式去变相地满足自己，比如用恨来表达爱，用不满来表达亲近。

当你构建了一种别扭的关系时，先进行自我审视，看看问题是不是出在自己身上。如果是自己的问题，请把自己内心的真实想法理顺，这样外在的关系自然也就顺了。

/ 我们活成了巨人,却同时深陷"孤岛" /

不知道从何时起,我们每个人好像都变得越来越独立了。

也许是因为听过太多"人生只能靠自己"之类的道理,于是,我们致力于提升自己的"安全装备",并且一再地增加巩固"安全"的技能。

总之,我们变得越来越坚强、越来越独立,但同时也变得越来越累、越来越寂寞。我们的物质生活水平实现了飞跃,但内心却好像越来越没有归属感,很难感受到快乐。

独立，正是现代人的一种"通病"，一种防止自己脆弱的"病"，一种全方位控制自己人生的"病"。

独立之所以这么受推崇，是因为在当下的环境中很多人都把独立等同于强大。我们推崇强大，是因为社会环境有"反脆弱"的倾向。

每个时代都有自己的主流文化，那些被主流文化所抗拒的、排斥的，就容易被划入"羞耻"的范畴。在一个主流文化为"推崇强大"的社会环境里，弱者因为自身的弱小，内心会自带羞耻感。这种羞耻感使得弱者只允许自己强大，不允许自己脆弱。

遗憾的是，脆弱本是人性中真实存在的一部分。

当我们不敢表达自己的脆弱，认为脆弱是一种带有羞耻成分的品质时，我们就再也不敢展示、暴露自己的脆弱，而是选择将自己的这部分"缺点"严严实实地藏好，以免被人耻笑。

压抑自己的脆弱，并且过度地发展这种压抑脆弱的能力，就会让人变得越来越独立，同时也会让人失去依赖别人的能力。

在曾经热播的电视剧《我的前半生》中,演员袁泉饰演的唐晶这个角色的独立性非常强,但内心却非常脆弱。为了掩饰自己的脆弱,她在亲密关系中一直不敢依赖对方。唐晶的男友贺涵,也是一个独立性很强、喜欢用征服和控制对方展现自己能力的人。唐晶从不暴露自己的脆弱,因此贺涵也就发现不了她脆弱的一面,最终导致的结果就是:两人恋爱多年,最终还是没能修成正果——缔结一段可以彼此信任和分享脆弱的亲密关系。

现如今,无数个"唐晶"和"贺涵"正在被催生出来,他们的个人能力越来越强,他们的亲密关系却越来越脆弱。

单枪匹马地工作的时候我们是英雄,但在经营两性关系的时候我们却表现得一塌糊涂。

事实上,每个人都有脆弱的一面,过分地反脆弱容易导致我们内心封闭。一个人如果不敢展现自己脆弱的一面,久而久之,就会让脆弱变成一块沉甸甸的石头拖着你,使你根本跑不起来。

不敢展现脆弱的人，通常拥有很强的防御能力，也就是很强的自尊心。而自尊心的另一面其实就是玻璃心，自尊心和玻璃心都是因避免自己受伤害而衍生出来的。我们因为体验过处于弱势时的那种羞耻的滋味，所以一再提醒自己不能再次陷入曾经的境地。

如此一来，个体就需要分散一部分精力用于保护自己的脆弱，即维护自己的自尊。

一个人之所以不敢展现自己脆弱的一面，可能是因为存在以下几个问题：

（1）社会因素

我们都在努力让自己变得强大，因为这个社会推崇强大。大部分人不敢轻易示弱，虽然他们外在条件优越，却活得极不真实。他们本以为生活就是追求自我的优秀和强大，可当他们努力活成了自己以为自己想要的样子时，却发现自己并不幸福。

幸福意味着要接受真实的自己。如果一个人只能接受自己是强大的、优秀的，那么他仅仅是活在自己的优越感里，一旦失去这种优越感，他的生活就会变得岌岌可危。

很多人拼命地追求优越感，拼命地让自己变得更优秀，却把真实的自己搞得奄奄一息。

因此，我们越早从追求优越感的幻想里醒过来，就越早能让自己活得真实、自由。

（2）代际因素

或许因为我们受长辈传统思想的影响，所以对独立性的渴望才如此高涨。80后、90后特别热衷于追求独立，对他们来说，独立意味着"酷"，意味着"有个性"。

过度地寻求个人独立和内心强大，难免会让我们的内心走向孤独。

（3）家庭因素

每一个家庭都是社会规则有力的执行者。在教育孩子时，如果父母一味地强调孩子不能脆弱、必须强大，那么孩子就会压抑自己脆弱的一面。孩子长大后，可能因为无法感知到自己的脆弱，所以总是展现自己强大的一面。结果他也感知不到别人的脆弱，从而不能给心爱的人更多的呵护。如此一来，他在构建的人际关系中也会充满控制感，缺少温情和体贴、平等和接纳，因此他构建的人际关系并不牢靠。

在一些家庭里，父母可能因盲目地追求强大和优秀而对孩子提出过高的要求，简直按照完美主义的标准来要求孩子。他们给予孩子无数次的否定，每一次否定都让孩子感到脆弱、无助。渐渐地，这种"我不够好"的羞耻感会深深地潜伏在孩子的内心，最终变成一种恐惧感，让孩子再也不敢展现自己的脆弱，甚至不能接受任何否定。

这样的孩子长大后在任何关系里都容易出问题，因为他们身上绑着很多"炸弹"，他们即使小心翼翼地前行，也很容易被外界引爆，导致双方都受伤。

那么，我们如何才能做到敢于展现自己的脆弱，让自己过得不那么累呢？

我们需要明白，脆弱是一种基本的人性。否认或掩饰自己的脆弱，只会让我们成为一座孤岛，从而感到疲惫不堪，没有活力。

如果所有人都追求"反脆弱"，那么这个社会将到处充满防御、不信任、冷漠、竞争以及控制。我们建起一堵堵心墙，这些心墙固然可以保护我们免于受伤，但同时也会让我们深陷孤独之中。

想要从"反脆弱"的状态里走出来，我们就必须明白：

（1）脆弱并不可耻，它是人性的重要组成部分

脆弱就像我们的影子，它并不代表失败、无能。但我们的文化和教育把脆弱与失败、无能做了很多无效关联，导致我们一想到脆弱，就自动掉进消极的感受里。

我们在某些时刻意识到自己需要得到一些安慰，因此会感到脆弱。正是因为脆弱的存在，我们才意识到需要和别人建立关系。我们既然能看见自己的脆弱，也就能看到他人的脆弱，这种共情引导我们与他人建立起深度链接。

（2）直面脆弱是内心强大的表现

一个人只有正视自己脆弱的一面，才能成为真正强大的自己。如果不敢正视自己的脆弱，只会让自己把精力用于防御脆弱，用于维护和建设自己的自尊心，这样就会限制自己的发展，在本质上会让自己变得更加脆弱。

我们只有直面自己的脆弱，才能从脆弱里获取力量。

逃避脆弱不过是一种掩耳盗铃、自我欺骗的策略，一个人只有接纳自己的脆弱，才能真正学会坚强。

（3）不敢展现脆弱的一面，会增加建立关系的难度

真实牢靠的关系是在彼此袒露脆弱的一面的基础上建立起来的。求助就是一种敢于展现脆弱的表现。

有句话说得好：当我们爱上一个人的时候，不过是因为透过外在发现他只是个孩子，所以心疼他。

在亲密关系中，爱是一种指向弱小者的情感。我们之所以会爱上一个人，并不是因为对方强大，相反，是因为对方暴露的脆弱的一面让我们感到心疼。我们看到对方的柔弱、孤单，内心便会唤起柔情和悲悯。

如果一个人不敢表达自己的脆弱，跟别人建立关系的难

度就会增加,因为一段关系的建立靠的就是相互展现脆弱一面的信任和相互的依赖。

(4)展现脆弱,可以帮助我们走出自我中心

当我们掩饰自己的脆弱时,身上就背负了一个沉重的包袱,我们会过于关注这个包袱,从而陷入以自我为中心的思维中。为了照顾这个包袱,我们就没有多余的精力去体会别人的感受。

一个人之所以会陷入以自我为中心的思维,其实是追求优越感的表现,因为他害怕自己不如别人。在这种人的生活观念中,人生来就是不平等的,他们的个人价值是建立在比别人优越的基础上的。

展现脆弱意味着你必须和别人是平等的,是和别人站在同一条起跑线上的。

我们赋予独立太多正面的意义,却失去了依赖爱人和处理亲密关系的能力,从而失去了真实的自己。

我们活成了巨人，却同时深陷"孤岛"。

我们学会了用强大的内心去征服和控制世界，却丧失了与世界和平共处的能力。

唯有敢于展现脆弱，我们才能找回真实的自己。

/ 如何与善妒者和平相处 /

  嫉妒是一种特别常见的心理问题。在各种文学、影视作品里，我们经常看到因为嫉妒而酿成人生悲剧的人物：《三国演义》中的周瑜，因为嫉妒诸葛亮的才干，而自己又无法超越对方，最后气郁而死；《天龙八部》中的康敏，嫉妒让其丧心病狂，一直在意自己的美貌，却惨遭阿紫毁容，最终忧愤而死……

  莎士比亚在《奥赛罗》里也感慨道："您要留心嫉妒啊，那是一个绿眼的妖魔，谁做了它的牺牲品，就要受它的玩弄。"

嫉妒，俗称"红眼病"，是指人们为了竞争一定的权益，对相应的幸运者或潜在的幸运者怀有的一种冷漠、贬低、排斥的态度，甚至是敌视的心理状态。

嫉妒是一种比较复杂的心理，混杂了焦虑、恐惧、悲哀、猜疑、羞耻、自咎、消沉、憎恶、怨恨、敌对等多种情绪。

就内在感受来讲，嫉妒的前期表现为由攀比到失望的压力感；中期表现为由羞愧到屈辱的心理挫败感；后期则表现为由不服、不满到怨恨、敌对的发泄行为。

一个人与生俱来的身材、容貌以及聪明才智等方面的优势，其他如荣誉、地位、成就、财产和威望等有关社会评价的因素，都容易成为别人嫉妒的对象……简单而言，一个嫉妒心强的人，天生就是一个极易被引爆的炸弹，别人的各种优点不会引发他的欣赏和钦佩之情，反而会使他产生大量的负面情绪，引发他的攻击性和破坏心理。

嫉妒心是如何形成的？

人人都有嫉妒心，只是强弱程度不同而已。按照精神分析的理论，嫉妒心强烈的人，通常是由不良的母婴关系或亲子关系造成的。一个人在婴儿时期的全能感若没有得到满足，或者在小时候父母的爱和照顾发生了偏移，他就可能陷入无助、恐惧的心理状态中。长大后，为了避免类似的不良体验再度出现，他便衍生出了一种心理防御机制，即嫉妒。

在善妒者的心里，有一种别人的优点或优势会威胁到自己的价值的逻辑。这种逻辑形成于婴幼儿时期，在他们长大后基本进入无意识状态。所以嫉妒心的产生，往往是善妒者不自觉的习惯，并且在以前的生活中，他们借由嫉妒获取过不少好处，因而更加强化了这种逻辑，导致善妒者的嫉妒心越来越强。

善妒者极其自卑，因为他们无法肯定自己的价值。对他们来说，自我的价值会因为环境变化而产生波动。他们非常在意周围人的眼光,经常拿自己跟别人进行比较。所以,在生活中我们经常会发现,有的人总是莫名其妙地就生起了恨意,而且在他面前你不能提及别人的好,一旦提及,他的心理就会产生波动,因为别人的任何优点都会让他联想到自己的无能。

总之,善妒者总是拿别人的优点惩罚自己,为了不让自己太难受,他们只能去反向攻击嫉妒的对象,破坏嫉妒对象的优势,以此来缓解自我惩罚的痛苦。

善妒者往往把自己的无能、无价值感归因于别人的优势。他们认为,只要摧毁别人的优势,自己就会重获全能。

那么,我们该如何与善妒者相处呢?

首先,我们要学会辨别嫉妒心强的人。嫉妒心强的人一般心胸狭窄、言语刻薄,经常在背后对别人的长处进行讥讽。遇到这样的人,建议与其保持适当的距离,尤其谨记不要在其面前炫耀、暴露自己的优势,尽量保持低调、谦虚,以免引发其嫉妒之火，从而引祸上身。比较聪明的做法是：在嫉妒心强的人面前尽量暴露自己的短处，这样会让他们找到安慰，以免使他们心理失衡。

当然了，最好的办法还是与其保持距离，避免深交。

其次，当你的长处暴露在外，而被嫉妒心强的人盯上时，你也不要胆怯。善妒者发动攻击时，会说一些中伤你的话，或明里暗里发出挑衅。你要明白，他们之所以这样做，目的就是让你难受、栽跟头，以缓解自己的无价值感。他们发起的攻击有多猛烈，他们的内心就有多煎熬，此时的你一定要保持冷静、淡定。你越冷静，他们越拿你没辙，你若完全无动于衷，他们反而会对你产生敬畏之心。如果伤不了你，他们转而就会更加怀疑自己的价值。

俗语说："不遭人妒是庸才。"若遭人嫉妒，那说明你很优秀，所以换个角度想，你完全可以将别人对你的嫉妒当作一种最好的赞赏。当然，不是所有人都能充分认识到善妒者的真实心理。在善妒者的攻击下，有些人还是中了招，沦为受害者，使善妒者的阴谋诡计得逞。比如，当善妒者发出"你哪里哪里不好""你哪里哪里很差"之类的信号时，有的人由于内心不够强大，于是陷入自我怀疑之中，变得恐慌而不自信。

当你因为善妒者的贬低而大呼小叫、恐慌辩解时,善妒者内心正在暗自得意,因为他们的目的就是要证明你也"不过如此"。这时你所有的恐慌和辩解,无疑都证明自己已钻入他们的圈套。他们强行让你接受他们的逻辑,然后再用丰富的经验将你打败。

那些内心足够强大的人,会像抖掉雨衣上的水珠一样,将善妒者发过来的贬低信号从容地抖落在地,决不让自己沾染任何污水。他们清晰、稳定的自我价值感,就是那件具有保护作用的雨衣。

最后,对付善妒者的最厉害的绝招大概就是"以子之矛,攻子之盾"。

善妒者无法控制自己的攻击情绪,当他们伤害不到别人,反遭别人奚落嘲笑时,这种攻击就会指向自己,从而加剧他们的无能感。

不过,最后这一招建议慎用,就算是无辜遭到别人的嫉妒、陷害,若非忍无可忍,不必置其于绝境。

那些嫉妒心强的人未必能够意识到自己的这种心理会产生多大的隐患,他们中的大多数只不过是将自己活成了"嫉妒"这一不良习性的奴隶。

众生皆苦,正因为了解了嫉妒背后的心理机制,若再遇到嫉妒心强的人,就最好慈悲对待。因为懂得,所以慈悲。

/ 如何应对人际关系中的中伤 /

众所周知，人际关系从来都不是一个单纯的场域，因为人们会将自己的思想、情绪投射到别人身上。在人际关系的舞台上，背着不同剧本的人纷纷上台，共同演绎着精彩纷呈的生活戏剧。于是，我们看到了一幕幕充满恩怨情仇、喜怒哀乐的剧情。

在人际关系中，哪种人最容易受伤和遭受践踏呢？

毋庸置疑，是那些对人性、对自己一无所知的人。这种人在人际关系的投射混战中总是处于劣势,莫名其妙地就"躺枪",他们往往来不及搞清楚情况,就被动地卷入了人际纷争的旋涡。

比如刚入职场的青年男女,相对来说还带有一种稚嫩的学生气,缺乏对人际关系的深度思考,对自己的认识也不足,基本上别人说什么他们就信什么,很容易被"洗脑"。当然,随着阅历的增长,他们会逐渐成熟起来,最终建立起稳定的自我认同感。你会发现,生活中很多人在有过被人诽谤、中伤的经历之后,往往能收获很多感悟,从而加速自己成长的步伐。

社会化是所有人都要经历的一个阶段,但是在社会化的过程中,那些无法完成自我认同的人,始终会被人际关系所困扰。

有的人总是过于看重外界对自己的评价,所以当别人向他们发来一些具有摧毁自我认同感的投射时,他们为了避免受到攻击,总会习惯性地逃避,其实他们是因为没有勇气面对自己的脆弱。

人际关系中产生的每一次纠纷,其实都是一面可以映射自我的镜子。因为内心充满恐惧,所以我们才害怕被别人议论;因为害怕别人对我们有不好的评价,所以当别人议论我们的时候,我们才会表现得特别愤怒;因为害怕别人看不起自己,所以当别人议论我们的时候,我们才会感觉很受伤;因为不能确定自己到底是对是错、是好是坏,所以我们才会为了堵住别人的嘴而拼尽全力。

判断一个人的内心是否真正强大,只需看他面对别人对自己的中伤时所做出的反应。

大学时期,我们班的班花绝对是让我最佩服的一个人。与她同宿舍的一个女生整整嫉妒了她四年,那个女生不仅常常对她恶语相加,还到处散播关于她的流言蜚语,但是班花始终像没听见一样,没有被激起一丝愤怒之情。因此,尽管两个人住在同一个宿舍,对方一直在挑事,但是双方从来没有爆发过冲突。

这让我想到明星王菲。王菲在面对来自外界的中伤时，总会摆出一副无所畏的架势：不管你怎么攻击我、诋毁我，我都压根儿不关心，因为我根本不在乎。

这才是内心真正强大的人。

你无法选择别人的投射，唯一能选择的是面对别人的不良投射时自己的反应。

有的人表面看上去很强大，其实那只是他们为了获取外界关注和认可的一种伪装而已。比如他们受得了吹捧，却受不了打压；他们受得了夸奖，却受不了贬低。本质上，如果一个人真正强大的话，他就不会在意外界的评价，更倾向于生活在自己的价值评判体系里。

那些通过伪装自己或者靠吸引眼球的行为来博取外界关注的人，其实他们很害怕面对别人的投射。一方面，他们对群体规则了解太少、社会经验不足；另一方面，他们在自我认同方面缺乏修炼。

我们为什么会缺乏自我认同，特别在意别人的评价呢？

通常情况下，我们在小时候如果很在乎父母对自己的评价，总是靠这些评价来建立自己的自尊，那么长大后就很容易在意别人对自己的评价，并且格外敏感。

久而久之，我们做很多事情的动机就只是为了获得别人的认可，一旦得不到对方的认可，就会感到失落、委屈。

更严重的问题是，我们对自己没有确定感，时常会想：我这么做到底是对还是错，是好还是不好？

就连这种确定感，我们也只能从外界获得。

很多人很难面对自己的不足和缺点，但会在意识层面看别人不顺眼，于是议论、评判别人，这便是人际关系中冲突的开始。

老实人因为害怕冲突，不向外投射，却接受了大量外界的投射，所以他们活得很压抑。善于伪装的人相对比较可怕，因为一个人表面上做出攻击行为你能够看到，并予以回应。但若对方表面一套、背后一套，你常常就会无暇顾及。

还有很多人因为总是钻研有关人际关系的学问，特别擅长挑拨离间，他们会基于自身利益试图去操控别人。

那么，作为一个自我认同感较低的人，该如何应对人际关系中的中伤呢?

(1) 不带敌意的坚决

大胆地、堂堂正正地摆明自己的态度、立场。要知道,不论是你受别人的情绪影响而产生负面情绪,还是你被别人激起负面情绪,都说明你的自我认同感本来就很低,所以,最重要的是增强你的自我认同感。

不带敌意的坚决,就是要做到不轻易接纳别人的投射,也不会被别人的投射触怒。

(2) 清晰的个人边界

别人怎么对你,都是被你允许的。当别人试图突破你的个人边界时,你要有识别和保卫自己边界的能力。对于那些侵害自己权益的人,你要勇于说"不"。

(3) 不可轻视任何人

人们常常会轻视那些看上去很弱小的人,但其实谁都不好惹,因为人人都有相似的欲望,那些不能通过正常途径表达的欲望和攻击性,一定会通过伪装的方式表达出来。因此你会发现，生活中那些擅长制造人际纠纷，习惯背后中伤别人的人，往往看起来都是一些处于弱势的人。

最后，希望你也能修炼到这样的境界："不管别人怎么攻击我、诋毁我，我都压根儿不关心，因为我根本不在乎。"

/ 欺软怕硬背后的心理学 /

欺软怕硬的人相信大家都遇到过，这种人有两副嘴脸，见到比他强的特别乖，主动巴结讨好对方；见到比他弱的，就摆出一副强者的模样，还经常试图欺负、玩弄对方。

这种人有个特点，经常试探对方的边界，看对方是否能接受他们的欺负，或者经常试图给对方强行扣上一个"弱者"的帽子。有时候你会觉得，他们甚至是在拿生命证明你是个弱者，如果你不是，他们仿佛就没法活了一样。

对于这些人来说，他们的性格中往往同时存在着欺软怕硬和打抱不平两种倾向。欺软怕硬其实是某种社会价值观内化到人心的体现。一个欺软怕硬的人的内心，往往被社会暴力规则占据，缺乏爱与温暖。或者说，一个欺软怕硬的人的内心，充斥着大量的屈辱感，正是为了缓解这部分负面能量，实现自己内心的平衡，他才选择欺负别人。

事实上，只有弱者才会欺负别人，因为只有通过欺负别人，他们才能体验到一种"我是强者"的感觉。欺软怕硬，其实是一种低自尊的表现。假如一个人无法维护自己的自尊，无法维护自己内心的爱和善意，无法通过正常手段获得自己想要的利益，他就可能会试图借由欺软怕硬的行为来满足自己。其具体表现为：通过攀附强者，并充当其"打手"，以出卖人格的方式求得利益。

这就像古代的奴才。古代的奴才其实就是人格不独立的人，他们依赖主子，以讨好主子、替主子卖命为生存手段，以主子对自己的赏赐为荣。在古代，一个合格的奴才是没有尊严意识的。合格的奴才不仅会揣摩主子的心思，还善于"站队"，他们会观察哪个主子更有权势，以便为自己谋个好前程。

2

从心理学上来讲,欺软怕硬的人正是因为无法获得健康自爱的力量,才会变得猥琐、扭曲。他们在强者面前过于压抑自己,一味地屈服于强者,甚至谄媚、讨好强者,允许强者侵犯自己的边界,以一种伤害自己自尊心的方式与强者互动。在这种互动模式里,他们是不折不扣的弱者。

然而,这种扮演弱者的体验并不好,因此他们便急于找到一些比他们弱的个体,把自己内心的负面能量转移出去。他们要找的这些个体,一定是在他们评估之后觉得比自己弱的、缺乏反抗意识的人。在与这些个体的互动过程中,他们试图完成在与强者互动时的角色调换,即由他们来扮演强者,被选中的个体扮演弱者。欺负弱者的行为是将他们在强者那里被践踏的、被矮化的自尊心恢复正常的尝试。一旦这种尝试成功了,他们的内心就会获得征服的快感,并认为自己很强大。

欺软怕硬的人都具有一种依附型人格。无论在什么组织中,他们都会很快通过察言观色,把人分为比他强的和比他弱的两种，哪些是需要巴结、讨好的，哪些是可以欺负、侵犯的，他们心知肚明。欺软怕硬的人习惯了依赖强者获取利益，所以最适合他们的生存方式就是拉帮结派。

在我的咨询室里，常常有这样一些来访者：他们在生活中总是受人欺负，因为找不到合适的渠道和方式化解自己因受欺负形成的负面能量，所以陷入各种自我攻击的折磨中。他们关于自我的评价都极度消极。

我发现，这些来访者在小时候都有被自己的父母无意识地"欺负"的经历。他们的父母在社会中与人相处时，都有讨好别人的倾向，但在家里却表现得十分霸道，常常把负面情绪发泄在家人身上。

这种不良的家庭互动模式，一方面让孩子变得自尊感极低、价值感极低、缺乏自爱能力；另一方面又让孩子习得了父母的这种与人互动的模式，使得他们长大后在与外界互动时无法建立清晰的个人边界意识，或者缺乏建立边界意识的自觉，无意中沦为被欺负的对象，从而形成很多心理困扰。

不管是欺软怕硬的人，还是被欺负的人，其实都是内心容易感到恐惧的人。这种恐惧感来源于对自我价值的评价过低。他们总是很难相信自己，所以容易放弃自己。他们过度关注外界，以求适应外界。为了安全、为了生存，他们把恐惧的"皮球"抛来抛去，其中一些人"成功"了，找到了"接盘侠"，于是变成欺软怕硬的那种人；有些人没有选择将自己恐惧的"皮球"抛出去，反而接过了别人抛过来的"皮球"，使自己深受其害。

实际上，对付人际关系中的欺负行为，最重要的是你不要去接别人扔过来的"皮球"，要做到不卑不亢。当别人向你传递出你是弱者的信息时，你不要自我怀疑、自我矮化，即所谓"不卑"；当别人向你传递出你是强者的信息时，你也不要趁机侵犯别人的界限，不要认为自己高人一等，即所谓"不亢"。

只有拥有不卑不亢的意识，你才能在人际关系中达到基本的成熟状态。

4

对付内心的恐惧感,自爱是良药。

我们常说一个人要有自尊心,但其实自爱要放在自尊之前,因为一个不懂得自爱的人,也最容易缺乏自尊。

自爱是一种无条件的自我爱护。不管发生什么事,都要肯定自己是值得被爱的、有价值的,这种价值不会因为外界条件的改变而改变,它应该是个体内部一种自觉的力量和行为。一个不懂得自爱的人不会明白爱的意义,也就不会爱他人。

另外,我们都需要培养对自我负责的意识。责任感是一种能力,会让一个人最大化地整合自我的力量。一个欺软怕硬的人一定不够自爱,同时又不具备对自我负责的意识。因为他的自我缺乏对抗恐惧的力量,所以只能采取一种变态的、扭曲的方式,从别人身上偷得一些力量。不过,这种力量往往禁不起考验,因此对付一个欺软怕硬的人最好的方式就是绝不服软,表现得比他更加强硬。当你表现得比他还强硬时,他立刻就会疲软下来,因为他的力量本来就是"假力量"，他的强大的自我不过是种假象，在假象背后藏着的是他弱小而卑微的、充满恐惧的真实自我。

你如果在生活中面临被欺负的困扰，就要自省，想想在你的自我认知里是否有看轻自己、看低自己的倾向。很多时候，正是这种倾向导致了内心恐惧的产生——它才是你真正的敌人。欺软怕硬的人经常试图侵犯你的边界，不过是在试探你的底线。一旦发现有机可乘，他们就会长驱直入，没完没了地对你实施欺负行为。

做一个有底线、有原则的人，你就不会被内心的恐惧挟持。那些欺软怕硬的人在试探你的底线的过程中，如果发现你内心强大、不容侵犯，就会乖乖撤退。

/ 摆脱"控制",找回真实的感受 /

　　有段时间受朋友的影响,我也加入了健身的行列,包括早起跑步半个小时,晚饭后去健身房锻炼一个小时。但是健身一周后,我就坚持不下去了,倒不是因为意志垮了,而是因为我的身体陷入了严重颓废的状态。我发现只要我继续按照计划行事,身体就会发出强烈的抗议。

　　我不是一个讨厌运动的人,但是为什么在制订了一个详细合理的健身计划后,我的身体却如此抗拒它?总之,只坚持了一周,我的身体就提出了罢工的信号。

我想了想,问题大概出现在"计划"两个字上。我心里很明确的感受是:既然我不讨厌运动,那么想运动的时候就可以去运动,为什么非要给自己设置"早起跑步半个小时""晚饭后健身一个小时"这种规定呢?

我发现,恰恰是因为有了这种规定,运动这件事似乎才变味的。

是的,我的身体抗议的似乎不是运动,而是规定化的运动。

实际上,在某些自我规定和要求后面,我们似乎总有一种"不然不行"的思维在起作用。为什么会"不然不行"呢?有些事情不去做会怎么样呢?我们到底在恐惧什么?

在面对生活中大大小小的事情时,很多人都有这种"不然不行"的思维。我们总是强迫自己必须怎么样,大到找工作、谈恋爱、买房子,小到每天的走路步数,我们总是习惯用一个严苛的、明确的标准来要求自己。

我的一位同事,甚至要求自己每年必须出去旅游几次。

他的口头禅就是:"不然不行啊。"搞得我都不知道他是为了享受旅游而旅游,还是为了满足心理上的"不然不行"而去旅游。旅游本来是一种让自己放松的行为,可很多人的旅游却成了让自己假装开心的行为,我称这种扮演的开心为"旅游表情"。比如一个人明明忌惮旅途劳累,不喜欢长途跋涉,却非强迫自己去体验一把"这个地方我来过了"的感动和欣喜,像是在完成规定化的任务。

总之,"不然不行"的思维,似乎意味着如果不那么做,你就不及格。这种思维导致了一种结果:很多事情我们都是为了完成而完成,从而忘记了享受完成这些事情的乐趣。

现在,每个人的行为似乎都被标准化了,都被放在一个个精确的坐标点上。我们在各种文章或数据分析中看到了无数个观点,但是唯独没有看到感受。似乎一个人已经完全无法明确自己那种独特而又真实的感受,更不用说按照自己的感受生活。所有的感受都被预置了。不仅如此,还设定了各种标准线，每个人只需要在这些由数字代表的标准线上做到达标就行了。

这意味着你要尽快去土耳其棉花堡躺一躺、去日本看一次樱花、每天走够一万步，每天吃不超过两千卡路里的健康餐，而且必须有胡萝卜和西蓝花，男士得有八块腹肌、女士得有蜜桃臀……总之，生活过得就像在打卡。

是的，我想我知道了自己讨厌运动计划的原因，它让我的生活变成了打卡模式。朋友圈里的很多人在向我展示：通过一次次的打卡，他们正在成为"更好的自己"。

我们过上了机器人的生活、工业化的生活、数字和报表的生活、打卡的生活。作为一名心理咨询师，我更知道如此井然有序、理性至极的生活意味着什么。

所有微观层面的理性看上去都很正常，但从宏观层面来看，这所有的理性加起来又恰恰在证明着一种非理性。

我不知道现在有多少人拥有强迫型人格，但我理解了那些类似《控制不了××的人，就没有资格谈人生》之类的文章阅读量之所以高的原因：把一切事情都打卡化，人会本能地感到不舒服，此时这些文章便会成为精神安慰剂，来加强人们的意志力。毕竟，如此反本能的事情必须要靠持续的集体催眠才能完成。

如果一个人只能依靠意志力活着，那是多么悲哀的人生啊。想想那些又累又缺乏创造力的强迫症患者，他们也许一生都无法让自己放松下来。也许这就是很多人会产生焦虑的原因，本能的感受长期被压抑，得不到尊重，但是理智上需要完成的任务却那么多，他们用意志力强迫自己去行动，久而久之，便使自己陷入了焦虑的状态中。

哲学家经常讨论人的异化问题。在心理学上，"人之非人"是指个体被强大的"应该"法则控制，失去了与自己真实感受的链接，过度地依靠理智行事，但是在这种理智的背后，却是一片茫然。

过度控制一定会导致失控，而失控又会催生更多的控制，最终使人疲惫不堪、内心冲突不断，难以找到安宁。

我们千方百计地要将自我感受排除在外，但人之所以为人，而不是机器，大概就在于我们终究是拥有自我感受和需要自我感受的生物。即使"控制"的幽灵无孔不入，但在某些时刻，我们的内心总会掠过一丝不安，因为我们的内心在发问："到底为了达到什么目的，我竟然每天都把自己搞得如此疲惫？！"

摆脱"控制"，与你的真实感受建立链接吧！

/ 人生需要靠自己成全 /

我的一位来访者因为在生活中遭遇了一些变故,患上了抑郁症。我费了好大的劲儿才帮他摆脱抑郁状态,然而不到半个月的时间,他又回来找我,说自己又开始抑郁了,晚上睡不着觉。

他说,一想到自己遭遇过那样的变故,就又想不开了。

这位来访者在年过40的时候离婚了,看着自己身边的人都拥有幸福的家庭,就觉得无法接受离婚的事实。时间一长,他就抑郁了。

通过聊天我发现，这位来访者内心有一个很偏执的标准：40岁的男人就应该家庭完整、生活稳定，而且要拥有一定的资产。

在咨询室里，他屡次提出的疑问便是："别人怎么都那么幸福，为什么就我这么不幸？"

事实上，在我的来访者里，很多人都是"社会标准"的拥护者、执行者。可能在他们以往的人生经验里有一个信条从未失效过，那就是人到了一定的年龄就必须拥有某些标配。一旦发现自己没有"达标"，他们的内心就无法淡定了。

我的一位女性朋友，30岁，未婚，她的日常生活状态是：天天相亲，无心工作。明明内心对另一半有明确的期待和要求，却总是不管条件合不合适都要去和对方见一面；明明知道大龄未婚是当下挺普遍的一种现象，可她还是整天自怨自艾，焦虑不堪。

问题是整天与各种"社会标准"纠缠不清，让自己陷入难以自拔的负面情绪里,实际上对解决问题于事无补。比如我的这位女性朋友,她本来可以选择好好工作,将自己的优势最大化,可她却选择在一种"匮乏"的状态里不放过自己,因而变得颓废不堪,以致最后连工作都丢了。

有很多的"匮乏",其实都是伪匮乏,是以所谓的"社会标准"衡量自己导致的匮乏。比如我的这位女性朋友之所以无心工作,就是因为她认可"女人30岁未婚,就很失败"这种观点;而那位患有抑郁症的来访者,之所以觉得不快乐,是因为认可另外一种观点:40岁的男人就应该家庭美满、生活稳定。

一个人追求所谓的"社会标准"本无可厚非,但是这种追求若丧失了弹性,就会变成枷锁,让人活得死板、僵化,内心积蓄大量的负能量。

一个受困于"社会标准"的人,一定不懂得尊重自己的感受,甚至会慢慢地忘却自己的感受,忘却自己真正想要的是什么,转而追求一个个的"社会标准"。一旦发现自己没有"达标",就觉得自己毫无价值,充满挫败感。

然而,那些"达标"的人,他们就一定过得好吗?30岁前结婚的女性,一定幸福吗?40岁的男人家庭完整、生活稳定,他们的生活中就不存在别的问题了吗?

……

一味地追求"社会标准",只会让人丧失最基本的独立思考的能力。

4

那些被"社会标准"套住的人,往往在之前的生活经历中没有找到清晰的自我,或对自我的认识特别肤浅,以为那个社会化的自我就是全部的自我。事实上,社会化的自我很多时候是一个条件性的自我。如果一个人的自我完全由社会化的自我构成,到了一定阶段,他一定会产生一种无能感,因为没有一个人可以完全符合社会的要求。

我们必须明白:能操控我们的,只有我们自己的内心。所谓"社会标准",只不过是一只虚张声势的纸老虎,如果我们害怕它,它就会打败我们;当我们完全不在乎它、不理会它时，它根本奈何不了我们。

说到底，人得自己成全自己。如果你非要去讨好社会，难受的就只能是你自己。

/ 缺乏个人边界，活该被人欺负 /

一个成熟的人应该拥有这样一种意识：现实中的人际关系并不总是美好、简单和纯洁的，有时也充满倾轧、阴谋等负面能量。因此，在人际关系中培养自我保护的能力，就显得尤为重要。

所谓一个人社会化的过程，就是指一个人学会与外界正确互动的过程。一个人如果在人际交往中缺乏自我保护的能力，就容易成为被欺负的对象。

那么，人际关系中的自我保护能力究竟是怎样一种能力？

　　顾名思义，自我保护能力就是保护自己不受伤害的能力。从心理学意义上来说，这种自我保护能力跟一个人在人际关系中建立清晰的人际边界的能力有关。自我保护能力就跟人体的皮肤一样，具有抵抗外界入侵、隔绝伤害的功能。如果缺了这道屏障，人就无法分清楚哪些事情是自己的，哪些事情是别人的，哪些事情应该由自己处理，哪些事情应该由别人负责。

　　当一个人不能对外界强塞给自己的感受做出基本的判断时，就说明他缺乏建立人际边界的能力，最后只能被人牵着鼻子走。究其根本，是因为没有给自己的"领土"设置边界，容易被别人随意闯入，无法主宰自己的意志。

　　别人之所以能闯入你的地盘，是因为他看穿了你没有自我、缺乏边界感。如果别人让你做什么你就做什么，说你是什么你就是什么，那你就活该被欺负。

　　为什么有的人缺乏建立人际边界的能力？

一般来说，心智不够成熟的人往往缺少建立人际边界的能力。他们对社会和人际关系的认识不够深刻，人际交往经验和社会阅历通常较少。

在一个家庭中，父母与人打交道的方式会对孩子产生潜移默化的影响。因此一个人对社会和人际关系的认识，很多都来源于父母传递的间接经验。擅长处理人际关系的父母，其子女可能从小就具备了处理人际关系的经验；相反，一些父母自身的人际交往经验尚且不足，那么他们就无法给孩子提供良好的人际交往模板，也就无法帮助孩子建立人际边界。当然，除了父母自身心智水平的问题，孩子天生的个性也是导致其缺乏建立人际边界意识和能力的原因。

成熟的心智建立在良好的自我认知的基础上。一个人需要彻底认识自己，了解自己的核心能力和特点是什么，内心始终有一个笃定的"核"。这样一来，不管外界发生怎样的变化，内心的"核"都会稳定存在。

不要小看这个"核"，只有有了这个"核"，一个人的心理状态才易于平和稳定，才会有多余的精力去分析外界的变化，才会懂得如何控制自己的情绪和应对外界的变化。只有有了这个"核"，一个人才会在与人互动的过程中真正了解自己需要什么,自己的底线和原则在哪里。一旦缺少了这个"核",他对外界的反应基本就是本能反应,也就无法洞察别人的动机,容易被人操控。

没有自我的人最容易被外界操控。一个人没有自我的常见表现是:缺乏安全感,内心不笃定。他会向外界传递一种"我很不安"的信息,为了平息这种不安,就会过于看重别人对自己的评价。为了确保别人不会对自己产生不满,从而给予自己坏的评价,他会时刻关注别人、讨好别人。

遗憾的是,当一个人传递这种"我很不安"的信息时,往往容易引来别人的侵犯。因为那些在人际关系中积累了大量负能量的人,急需通过欺负别人甩掉自己内心的负能量。

一个人在成长过程中,如果反复遭到别人欺负,就会严重损害其自我的发展。由于本来就没有建立起清晰的自我边界,因此他的自我认知会更加蜷缩,内心只会更加不安、更加缺乏安全感,他对于人际关系的掌控能力也就越来越弱。更有甚者可能会走向抑郁、自闭,性格变得越来越孤僻。

如何建立清晰的个人边界?

个人边界的建立跟早年的母子关系紧密相关。从自体心理学上来讲,一个人在婴儿时期,需要借助一个客体来确定自己是谁。这个客体像一面镜子,婴儿借由与这面镜子的互动,得以确立自我。

如果一个人在早年丧失客体,缺乏这面镜子,等到他长大后,就会拼命地去寻找这面镜子,以此解答"我到底是谁""我是什么样子的"等问题。

我们知道,母亲是孩子最初的那面镜子,但如果一个母亲自身的自我认知就不健全,她扮演的镜子映射出的孩子的形象,也必定是不稳定的,因此,孩子一定无法建立清晰的个人边界。还有一些母亲,她们缺乏理解孩子感受的能力,总是活在自己的世界里,一味地按照自己的标准强制要求孩子。在这种环境下长大的孩子,内心的镜子也是不清晰的。他们的内心往往有两种声音,一种是母亲内化进他们内心的要求的声音,另一种是他们自己感受到的世界的声音。这两种声音常常无法一致,彼此冲突。他们面对的首要问题是确认哪个才是真正的自我的声音,所以他们的个人边界就会混乱、模糊,因为他们的自我是分裂的。

在没有镜子或不清晰的镜子这两种环境下长大的孩子,都丧失了自己内心的"核",这就注定了他们之后的人生任务是去寻找自己的"核",而不是发展其他的心理能量。

一个人在青春期的社会化,是其建立个人边界的第二个契机。处于这个年龄阶段的人,如果从外界得到了足够多的滋养和接纳,可能会完善早年没有建立好的自我认知。社会化是一个持久的需求,它跟一个人的心智成长密不可分。一个人如果的心智不够成熟,就需要被迫地完成心智成长的任务。

5

当然,即使你现在依然没有建立起清晰的个人边界,但只要你认识到了自己的问题,就是很大的进步,因为觉察即治愈。一旦你意识到自己的问题,再去找问题的解决方式就容易得多。当你理解了自己为什么会过于依赖外界的评价时，你就会在往后的生活中不断调整自己，而不至于像没有皮肤的躯体一般，任由外界的刺激对自己施加影响。

每个人看待事情、处理事情的方式千差万别，所以你不能指望别人理解你、为你处理问题。你要意识到，正因为别人都不理解你，所以他们对你的评价很多都是不准确的，你无须过于依赖这些评价。

总之，对于别人的看法自己听听、了解一下就可以了。具体怎么回事还得自己分析、判断，自己对自己负责。如果你能意识到自己和别人的区别——你们只需要处理好各自的人生，那么你的个人边界问题就能够得到解决。

无论如何，先要找到你自己。

这个"自己"只有你最清楚，你的父母、伴侣都无法比你更了解你自己。这意味着你要接纳自己内心的声音，而不是别人的声音，你要尊重自己，要捍卫自己的权利，而不是把掌控自己的权利拱手让给别人，或者指望别人对你负责。

这个世界上没有人会对你负责，除了你自己。你要消除自己内心依赖别人的幻想，因为依赖别人就是轻视自己。而且真相往往是：你所依赖的那些人，他们连自己的问题都处理不了,又怎么可能处理得了你的问题?又怎么能对你的人生负责?

请停止向外界寻找"保护神"的幻想行为,学会对自己负责。无论外界环境如何,你首先要讨好的都是你自己。

向内看的人,才是清醒的

生活是公平的,如果你总是抱怨,总是悲观厌世,命运就一定会如你所愿,最终给你一个惨淡的下场。

/ 向外看的人在做梦，向内看的人才是清醒的 /

"他怎么这样？"

"他怎么会这样？"

"他怎么可以这样？"

……

我的咨询室里经常会有这样一类来访者，他们来做心理咨询时，咨询的却都是别人的问题。他们总是抱怨别人有问题，并希望我可以帮他们解决"别人的问题"。

"为什么我的领导总是那么虚伪？看着他那副嘴脸我就

来气。"

"为什么我家孩子总是打游戏？怎样才能让他爱上学习呢？"

"孩子每天睡觉都很晚，怎样才能让他早点儿睡觉呢？"

"我的朋友总是很自恋，怎样才能让他不那么自恋啊？"

……

以上这些问题，其实可以总结为两句话：

"他为什么跟我想象中不一样呢？"

"他怎样才能听我的话呢？"

当一个人不能接纳真实的别人时，他的思维就会进入一个"应该"的世界：别人应该这样做，不应该那样做；事情应该这么做，不应该那么做。

"领导不应该那么虚伪。"

"孩子应该好好学习。"

"孩子应该早点儿睡觉。"

"朋友不应该自恋。"

……

可实际情况是，无论是领导、孩子，还是朋友，没有一个人是你想象中应该有的样子，所以你开始变得愤怒、抓狂："他怎么可以这样做？！"

这种愤怒的情绪消耗了你大量的能量，把你搞得寝食难安，甚至陷入抑郁状态。于是你觉得被这个世界深深地辜负和伤害了！你很委屈，也很无力。

可别人怎么做是别人的自由。这有问题吗？这是别人的错吗？真正的问题难道不是：为什么你不允许别人做真实的自己？

别人那个真实的自己伤害了你的自尊，伤害了你对他们的期待、信任和想象，这种打击对一般人来说顶多是一次想象的幻灭，可对过于脆弱的你来说，不亚于一次死亡。

你总是紧紧抓住自己对别人的那些期待、信任和想象，以维护自己那点儿脆弱的自尊，希望一切可以如你所愿。当看到一切并没有如你所愿时，你便掩耳盗铃，主动回避真相。

很多人之所以陷入一段纠缠不清的关系里，一再地控诉别人如何让自己失望，是因为他们不敢去面对一个本来就有着明确界限的事实：别人是别人，你是你。

想象的幻灭会指向关系的分离。这意味着我们要独自面对很多事情，像自己在黑暗中孤零零一人又被推了一下。这也意味着不舒服、不熟悉，意味着挑战、独自承担，意味着最原始的"脱离母亲怀抱"的感觉。

被迫分离是痛苦的，因为当事人还没有做好心理准备。如果身边没有人鼓励和支持的话，很多人就完成不了分离的"任务"，所以才选择死死地抓住别人，虽然这样很难受，但至少不用面对分离的"任务"。

我们来到这个世界上，最初在心理上是跟别人共生在一起的。这个"别人"主要是指母亲，此时母亲意味着我们的全世界。

但是在成长的过程中，我们会逐渐发现现实世界和自己所想的存在一定的差距。另外，随着各方面机能的发展，我们会自发地想要脱离母亲的怀抱，自主地探索世界，以获得独立性。

但是这种独立性的发展可能会伤害有共生需求的母亲，因此，孩子的这种独立性发展的需求就不会被母亲接纳。于是，孩子被迫回到跟母亲共生的关系里，无法完成分离的

"任务"。

很多母亲对待孩子的方式是:让孩子成为自己想象中的样子。于是,孩子也以这种方式去要求外界。孩子在成年以后,如果依旧处于这种心理状态,就无法走出自我去接纳真实的外界和他人。

一个人之所以在一段关系中纠缠不清,是因为在他人身上捆绑着一部分自我。如果别人不按照他要求的方式去做事,意味着他的自我将受到冲击,甚至会破碎,于是"我"就没有了自我。

我们要被迫面对几个根本的问题:我是谁?我从哪里来?我要到哪里去?

当一个人不肯面对自己时,他就会不停地面对别人,总觉得别人这里有问题、那里也有问题,不停地想要改造别人、控制别人,让别人"为我所用"。此时,他觉得自己所坚持的一定是对的,自己的观点就是宇宙的真理。他的自我是僵化的、偏执的,一旦自己的信念遭到别人的质疑,一定就是别人有问题。

一个人指责别人容易，面对自己很难，因为面对自己，意味着要去面对自己的创伤、脆弱。当我们抗拒接纳真实的别人时，也就意味着我们无法接纳真实的自己。如果别人对我们不友好，似乎意味着我们是不够好的，所以我们不敢接纳别人对我们不友好的部分，一定要与之对抗。

但实际上，如果领导就是很虚伪，那么你要怎么做才能避免受其伤害？

如果孩子确实学习不好，那就真的意味着他不够好吗？他就没有其他优点吗？或许他只是对学习不够热爱，那么你要做些什么，才能让他对学习产生兴趣？

如果朋友就是很自恋，就是爱吹牛，那又如何？这会对你造成什么影响？你需要在你们的相处中做怎样的调整，才可以不再受其困扰？

……

从面对别人、要求别人，到面对自己、看看自己能做些什么，不过是一种转念，但是这种转念会大大增强你解决问题、适应世界的能力。当你从僵化的自我中心里走出来时，便会发现自己变得越来越有力量。当然，这个过程是辛苦的，但是比起你跟别人纠缠在一起，不停地内耗，这点儿辛苦实在是微不足道。

一个人在与外界的互动中，一定会面临诸多考验，此时，拥有一种开放的心态就显得尤为重要。所谓开放的心态，就是指保持开放性的自我，心理学专业术语是"成长型自我"。其实就是放低自己，让自己变得谦卑，随时保持成长的心态，随时保持正念：真实的情况如何？我应该怎么做？

一个人如果的自我是僵化的，就不会拥有开放的心态，就会陷入"××为什么会这样做""××不应该这样做"的纠缠中。僵化的自我意味着一个人依旧处于婴儿对母亲的依赖状态，但成长型自我意味着看清了外界的一切都在变的现实：我们很难控制外界，唯一可以依赖的只有自己；当外界的变化没有如我们所愿的时候，我们是有能力应对的。

还有一种高手是这样应对的：外界怎么变，我就怎么变；不管外界如何变化，我都可以适应这种变化。

这种人的内心异常强大，他变的只是外在的应对策略，他的内核是稳固的。而这种稳固的内核，正是建立在一次次地解决现实问题基础上的自信。

　　按照佛学的说法，修行的最终境界是进入无相的世界。无相，即没有自我。既然是无相，也就没有任何事情可以冲击到自我，此时的自我和宇宙融为一体，无所谓好坏，无所谓对错，无所谓得失。正如《金刚经》所言："一切有为法，如梦幻泡影，如露亦如电，应作如是观。"

　　简单来说就是：我跟所有的事情都完成了分离，不再执着于幻象，我看到的一切都是幻象。既然如此，那么我就无所谓喜怒哀乐、无所谓纠缠。

　　心理学大师荣格说："向外看的人在做梦，向内看的人才是清醒的。"

　　我想说的是，分离可能是一件指向终生的事情，因为世事无常。这也意味着你的自我无法找到一个外物，并与其永恒地捆绑在一起。

　　恋爱中，你得到一个人会指向分离，失去一个人也会指向分离，因为最终你不得不面对别人真实的一面，而他真实的一面可能会让你失望。

回过头来，你还是要面对自己，回答你是谁的问题。

成熟就是你再也无法找到一个可以依赖的"母亲"，但自己却逐渐发展出了很多"母亲"的品质。你还是要面对很多想象的幻灭，面对他人带给你的失望，但你已经拥有了应对变化的能力。

你越来越接近无相，但在每个需要应对现实的时刻，你都可以变幻出有相来，以适应外界的变化。

/ 没有一种人生叫作正确 /

　　前段时间重温电影《芳华》，说实话，我的观影体验不是很好。

　　想了很久，我终于明白自己不舒服的原因：作为故事的叙述者萧穗子，对男主刘峰的那种评判态度，我很难接受。

　　我特意看了《芳华》的原著，觉得里面还涉及一些心理学知识，比如，主人公刘峰可能是因为超我太强，因此生活不幸。让人郁闷的是，网上充斥着各种文章，其内容主旨都是对刘峰进行人格分析，认为刘峰是讨好型人格，言外之意就是：刘峰之所以一生如此潦倒，完全是因为他心理有问题。

是啊，对于大多数观众来说，不管在银幕前如何流泪，一旦走出电影院，就会暗自告诉自己：不要活成刘峰那样的人，太苦了！

看了那些文章后，大家也会小心翼翼地审视自己是否有同刘峰类似的问题，甚至会在脑海里闪现出自己周围的一些人：原来他也因为是讨好型人格，所以才会受伤、才会失去那么多。

无论刘峰活着还是死去，我们好像从来都没有想过尊重他。可是，一个人即使过得潦倒又如何？谁规定追求世俗的成功才是一种正确的人生？很多人以自己平庸的人生标准去分析刘峰，竟然还得出那么多警戒世人的谬论！

究其原因，我想是因为大多数人都默认世界上存在着一种相对正确的人生。而任何偏离这种"标准"的人，似乎都该被分析、被议论，而不是被了解、被尊重。

我们对刘峰的所谓的分析、评判，只不过折射出了我们自身的狭隘和以自我为中心罢了。

2

随着心理学知识的不断普及,这门学科似乎已经成了某种显学。当今社会,人人都想学点儿心理学。可以理解,大家都想过得快乐,少些烦恼,多些幸福。

但是我发现有的人学了心理学之后,生活质量不仅没有提高,反而越来越差。这是因为他们掌握了一些心理学原理、名词之后,不去了解自己,却热衷于分析、评判别人。

我想说的是,不要拿你所谓的心理学知识去分析你的爱人、亲戚、朋友以及同事,这是一种带有攻击意味的行为,而且很不合理。

首先,心理分析只用于咨询师在面对当事人求助的时候,且所有咨询内容都要做到严格保密。没有经过当事人同意就对其进行心理分析,是对当事人的极度不尊重。

其次,世界上没有完全健康的人,几乎所有的人都存在着不同程度的心理问题。当你去理所当然地分析别人的时候,前提是假设你自己没问题,实际上你就是在构建一种具有压迫倾向的很不对等的关系。

最后，我们学习心理知识，是为了更好地理解一个人，而不是评判一个人，二者有着根本的区别。

比如，面对一个性格高冷的人，一些人在学了点儿心理学知识之后，能够一眼看出对方的心理防御机制，于是得意扬扬，心想：小样儿，别在我面前端着了，我早就看穿你了！接着便肆意指出，甚至自以为是地拆穿别人的防御，把对方搞得很尴尬，甚至受伤。

把别人都搞受伤了，他们还觉得自己很无辜，认为："你不就是这样的吗？我说句真话怎么了？"

这样的人学心理学只是为了卖弄知识、彰显自己的"聪明"罢了。

如果你能在生活中本着理解别人的态度，去使用自己学到的心理学知识，可能会双赢。毕竟，心理学知识是用来理解别人的，而不是用来评判别人的。

除了分析别人，很多人还会错用心理学知识来指导自己的人生。

心理学从来都不是你的人生向导，因为没有一种人生叫作"按心理学生活"。

事实上，你可以过各种各样的人生。超我太强又如何？共生性依恋又如何？强势又如何呢？如果你自己不觉得难受、痛苦，不觉得需要求助，那就毫无问题。

像《芳华》中的刘峰，他愿意当"活雷锋"，愿意为某种信念活着，那是他的选择，只要他自己不痛苦、不后悔，任何人都没有资格评判他。

在从事心理咨询工作的这些年中，我发现很多人常常被某些认知束缚，从而让自己的人生过得比较僵化，不够自由。

比如，有的人坚持认为，无论什么事，除非不做，要做就要做到极致。有了这种认知，他们往往不敢轻易开始，因为他们害怕最终不能做到极致，无法向自己交代，这就导致他们总是回避生活中一些困难的事情。这些认知便是戴着所谓的"正确的人生"的面具出现在他们生活中的。

不知道从何时起,一些心理学分析也在告诉人们,如何做才能避免受到伤害,如何做才能有所收获,什么才是正确的人生。

渐渐地,我们开始害怕违背这些规则,因为我们将其和"正确的人生"进行了关联。

我们习惯了为某种要求而活:为了出人头地、为了光宗耀祖、为了面子、为了高人一等……如果我们能够面对自己内心的真实感受,我想很多人其实并不那么热爱成功。

虽然我们在不经意间被戴上了约定俗成的诸多镣铐,但我们依然拥有选择的权利。可以卸下的镣铐,我们需要自己找到打开它的钥匙;必须要背负的镣铐,不妨就戴着它起舞吧。

我们正是因为常常忽略自己的感受和心灵,过分地看重社会要求,过分地用理性控制自己的人生,才导致我们活得压抑、内耗严重。

你倘若不想再过这样的人生,就试着丢掉那些所谓的"标准"吧,按照自己内心真实的想法活一回。

/ 控制不了情绪，何以控制人生 /

  人人都会产生各种情绪，但并非人人都能管理好自己的情绪。

  管理情绪的第一步是在情绪产生时对情绪进行觉察与识别，然后使用一定的技巧去控制它。

  那些在生活中特别情绪化的人，不一定欠缺管理情绪的意识，而是在情绪产生的时候并没有觉察出来，然后就被情绪所支配，具体表现为：喜怒无常，极易受外界影响。

  在一般人的认知里，情绪化不是一件好事。其实未必如此,很多艺术家就是依靠大量的情绪和感觉进行创作的,因为某些情绪往往可以激发他们的灵感。所谓艺术家气质,就是指一个人对艺术较为敏感,因此对于艺术家来说,某些情绪能够激发出他们的天赋。历史上有很多艺术家、文学家,都患有抑郁狂躁症,这种人格特质给他们的生活带来了麻烦,却给他们的艺术创作带来了极大的帮助。

所以,你如果也是一个十分情绪化的人,先不要急着否定自己,而是看看这种情绪化是否给你带来了好处。比如,对世界独特而强烈的感知,可能让你体验到了别人无法体验到的东西,由此激发了你的创造力。你要相信,情绪化的你或许是拥有创造天赋的。除了学习掌握调控情绪的技巧,你还可以把自己情绪化的某些部分加以利用,让情绪来丰富你的生命,而不是成为你的障碍。

情绪产生后,在其强烈程度与稳定性方面,并非人人都一样。心理学上,根据希波克拉底的体液理论发展出四种人的气质:黏液质、抑郁质、胆汁质和多血质。具有黏液气质的人,可能天生就比别人钝感一些。而抑郁质和胆汁质的人,天生就对某种情绪很敏感。抑郁质的人更容易产生悲痛、伤感等自怜性情绪,并且情绪波动性较大,更容易情绪不稳定。胆汁质的人天生对愤怒敏感，他们容易冲动，不过愤怒来得快去得也快，俗称"急性子"。多血质的人容易产生乐观的情绪，心态较为积极，情绪也相对稳定。

也是就说，除了后天的情绪控制技巧，天生的气质类型也决定了一些人比其他人更容易情绪化或情绪失控，因此在关于情绪控制的学习上，他们需要付出更多的努力。

一个人随着自身的成长以及社会阅历的增加，个性会日渐趋于成熟和稳定，因此其情绪的管理能力也会逐步得到提升。

从这一点来说，情绪管理能力的提升是一个人适应外界环境的结果，是一个人一次次地与世界、与他人互动，从而有意识地调整自己的行为，以获得更好的适应能力的成果。

所以如果你总是情绪化，可能就是因为你的人格还不够成熟，你的心理年龄还很小，依然在用一种孩子气的反应面对世界。

为什么你会情绪化？

因为很可能你的原生家庭对情绪的认知是空白的,你的父母本身就没有觉察情绪、管理情绪的意识。在这样的家庭环境中长大,你自然也就不具备这种意识。

另外,也可能你一直被父母保护得很好,导致你的社会经验严重不足,使你缺少反思自我、让人格走向成熟的机会。很多人之所以表现得十分孩子气,是因为他们吃的苦头还不够多,对自我的要求很低,如果在社会上锻炼几年,碰的壁多了,他们对情绪的关注和调控自然就多了起来。

因此,你之所以情绪化,除了因为没有掌握控制情绪的技巧,还有一个重要的原因,就是你认为自己有任性的资本。

一个人成熟的过程,就是不再认为"自己可以任性"的过程。以前的你总是以自我为中心,认为世界会围着你转,并且应该围着你转。在社会上摸爬滚打几年之后,你才发现世界不以任何人的意志为转移,不仅不会围着你转,而且需要你紧紧地围着它转,即使如此,你也不一定能得到你想要的东西。你发现生活处处充满危机、陷阱,需要提升自己的能力以应对各种危机与陷阱。这个提升自己的过程,就是学习情绪控制的过程。这时,你的情绪调控的动力已经满足,你需要的只是学习一些方法和技巧。

本质上，学习情绪控制是一个人深度社会化的过程。

既然情绪管理是一种主要依赖后天训练养成的能力，自然和家庭的教育、父母的影响密不可分。

有情绪化问题的人，很可能其父母也有同样的问题。遗憾的是，在这样的家庭里，情绪化可能从来都没有被当作一个问题。家庭成员各自的情绪化行为，往往被认为是正常的、不需要改正的。生活在这样的家庭环境中，人自然不会有管理情绪的意识。当他表现出暴躁、抑郁或者颓废的行为时，他也不会意识到这是一种情绪化的体现，只会任由自己的情绪泛滥，任由自己沉浸其中，听凭情绪的摆布，并且产生情绪化推理的行为。

所谓的情绪化推理，就是指根据自己当前的情绪来评价外界或他人。也就是说，我们心情好的时候，给什么都点赞；当我们心情不好的时候，比如抑郁时，我们就觉得一切都毫无希望。我们的理性认知受控于自己当前的情绪体验，所以我们对待外界或他人的态度就会极度不稳定。

与人打交道水平越高的人，越能敏锐地觉察到自己内心的细微波动。他们能够精细地区分自己内心的判断是由情绪引发的，还是由理智引发的，这种高度冷静和理智的特质，让他们在各种商业或者政治活动中游刃有余。这样的人情绪管理能力非常强，他们不仅能管理自己的情绪，而且能破解对方的招数，利用情绪向对方发起进攻，也就是所谓的心理战术。

我们形容一个人城府深，常常会说他深藏不露。所谓"深藏不露"，不仅仅是指一个人不随便表露自己的观点和态度，更多时候是指他不轻易显露自己的情绪，因此让你无法揣测出他内心的真实意图。

无法管理好自己的情绪的人，喜怒哀乐往往都挂在脸上，他们甚至因为过于情绪化而影响自己的生活，给自己带来很多麻烦。而情绪管理的高手，能不动声色地完成一场场情绪操控大战。两者的差异就在于对情绪的认知程度、觉察程度的不同，以及管理水平的高低。

有一种观点认为,一个人如果控制不了自己的情绪,就控制不了自己的人生。

事业遇到挫折时,控制不了自己情绪的人容易半途而废,他们不肯为了自己的目标忍耐一下。很多情况下,他们并不清楚自己真正想要的是什么,因此容易受外界环境的影响。

有人可能会说:"我就是不想过目的性太强的人生,只想体验生活、感受生活……"在我看来,这当然也是一种对自己的认识和定位,说明他可能是拥有艺术家气质的人,所以适合从事艺术工作。但是,任何艺术家艺术创作的背后,依然需要面对大量琐碎的日常生活。所有任性的表象背后,都有着不能任性的一面。

对于我们一般人来说,提升自己情绪管理的能力比较实用的技巧是,加强对自己情绪的觉察意识,可以在日常生活中通过记笔记的方式,对自己的情绪进行觉察、命名:当情绪产生时自己经历了什么、有什么感受、做出了什么行为、为什么会这么做……——进行记录、反思和总结,记录得越详细越好。此外,我们还可以观察别人,对别人进行记录,尤其是别人处理情绪的方式,吸取那些好的经验,警戒那些不好的经验。如此坚持一段时间,我们的情绪觉察能力、识别能力及处理能力,都会有大幅度的提升。

情绪化并不可怕,可怕的是我们自己拒绝成长。

/ 爱生气的人是怎么回事 /

生活中我们常会遇到一些特别爱生气的人,他们有的是一遇到不顺心的事就暴跳如雷,生别人的气;有的则爱跟自己生气,闭起门来折磨自己。

本质上这两种人都是在跟自己生气,只不过能把气撒出来,发泄在别人身上的,使用的是外归因;气撒不出来,转而发泄到自己身上的,使用的是内归因。

生气是一种攻击行为,是当事情不符合自己的心意时做出的惩罚,这种惩罚有时指向别人,有时指向自己。有个名词叫"气大伤身",生气对身体的伤害是巨大的,那么一个人如何做才能改掉爱生气的毛病呢?另外,当别人把怒火发泄到我们身上时,我们怎么做才能避免成为别人暴怒的牺牲品呢?

我们需要了解爱生气背后的心理机制。一个人之所以爱生气,常常是因为他有一个过于强大的超我。

所谓超我,就是指我们人格中的理想自我,由良心、社会准则和自我理想组成,是人格的高层领导。它按照至善原则行事,指导自我,限制本我,就像一位严厉正经的大家长,是我们行为和意识的内在监督者和审判者。

那些爱跟自己生气的人,往往是因为其人格结构中的超我很强大,所以经常会出现自己的所作所为达不到自己要求的情况。于是超我就开始发挥作用,对自己展开严厉的批判和惩罚,个体就会对自己严重不满意,进而产生内疚、自责等情绪。

所以,跟自己生气,其实是一个人在现实和理想产生差距时做出的补偿行为。个体借由此种补偿行为完成对自己的惩罚,让自己的超我得以满意。这就解释了每当我们在生活中没有取得理想的成绩，或者搞砸了一件事时，我们就会跟自己生气的原因。此时，我们可以借此让超我忘掉或者不再关注那件不好的事。

通常情况下，爱跟自己生气的人一般都有一对很严厉的父母，所以他们在年幼人格形成时内心有一个强大的超我。再加上他们的父母大多也是爱跟自己生气的人，所以他们会受到父母潜移默化的影响，习得父母的行为模式，从而完全意识不到这种"跟自己生气"的反应有什么问题。直到有一天，他们发现自己的行为给自己造成了很大的伤害时，才会有所觉察和反思。

严厉的、追求完美的超我，正是我们"内在父母"特征的体现。所谓"内在父母"，就是指通过在幼时内化父母的要求、规则和教训，把它们变成自我人格的一部分，从而实现自己管理自己、自己要求自己的超我。我们对自己严格要求，实际上反映的是父母的声音。

所以当我们在跟自己生气时，其实是我们的"内在父母"在跟我们自己生气，它表达的其实是早年我们无法满足父母的要求时父母对待我们的态度。我们长大后，就会自动形成一个"内在父母"，以替代现实中的父母，继续对我们实施早年的行为。

导致一个人爱生气的原因,还可能是全能自恋。

全能自恋是指一个人在婴儿时期认为自己无所不能的状态。一般情况下,随着个人心理的成长,全能自恋心理会渐渐消失。一个人由全能状态转变为部分全能状态,也就是逐渐知道自己的优点和缺点、知道自己的边界。

但在这个过程中,有的人全能自恋的部分没有被健康的现实自恋所取代,其在生活中的表现就是:一旦事情不合自己的心意,就会暴怒。

这是一种自恋性暴怒,其背后是一种"我可以掌控一切""我可以为所欲为"的全能自恋心理,本质上还是对理想自我的执着。自恋性暴怒之人可怕的地方在于,他们在受挫时经常使用外归因,即把怒气往外发。其实这也是一种维护自身全能自恋的防御机制——把问题归结到别人身上,通过惩罚别人避免自己的全能自恋心理受到威胁。这可以理解为一种自我欺骗策略,其本质是心理不够成熟。

有趣的一点是,自恋性暴怒的人容易欺软怕硬,他们在发泄自己的怒火时,往往会选择那些让他们觉得安全的人。这时候,承受他怒气的人一定不要被他的怒气镇住,因为你一旦认同了对方的这种攻击行为,就会给自己带来意想不到的伤害。

当你面对一个习惯性暴怒的人时,务必看清他背后的心理机制,他暴怒的原因不在于你,而在于他自身的症结。

4

对待一个习惯性暴怒的人,你要做到熟视无睹。久而久之,如果他的攻击性投射攻不破你,他自己就会泄气。因为当你不做反应的时候,他的愤怒就成了独角戏,最终他只好乖乖将怒气收回。

当然,如果你自己就是一个喜欢对人发火或者总爱跟自己生气的人,就一定要有意地增加对自己的觉察。佛学中有一个术语叫"我执",指的是一个人非要让外界按照自己的标准来。破除"我执"的过程,就是一个人了解真实自我和世界的过程。

只有对自我有了更加清晰的认识,你才能真正摆脱"爱生气"的困扰。

/ 我们是如何被抱怨一点点毁掉的 /

　　我的一个高中同学，在生活中总是喜欢抱怨。当年我们考入同一所大学，记得我们刚入学半个月，他便张口闭口地吐槽学校如何差，老师们如何平庸，完全没有理想中大学的氛围。

　　一开始，我也觉得他说得有点儿道理，毕竟我们在高中的时候拼命读书，对自己心目中的大学生活赋予了太多理想的色彩，因此内心有点儿落差也是正常的。

　　后来他因为口才不错，加入了学校的一个社团，并且成了社团的副社长。我以为他也像我一样，终于适应了大学生活。

直到有一天，我们在校园里遇到，简单交谈了几句后，我发现他又开始喋喋不休地抱怨。他觉得自己所在的社团很多制度都是不合理的，导致他在社团里完全不能发挥自己的才干，而且觉得周围的人都很愚蠢，自己和他们缺少共同语言。

总而言之，他认为自己进了这所学校实在是被坑得太惨了。

再后来，我们很少遇到，只是听说他跟他们班里同学的关系都不太好。

学生时代最后一次遇到他时，我们已经是大三的学生了。当时大家都在忙着为自己的未来做准备，有计划出国留学的、有打算考研的，也有的开始提前找工作。而我的那位同学因为在大二的时候有两门课不及格，处境艰难。

他来找我倾诉的时候，脸上胡子拉碴，浑身一股呛鼻子的烟味，据说他当时常和一群校外的人没日没夜地混在网吧里。

我以为他终于想通了，想要振作起来努力学习，哪知道他还像刚进大学时那样不停地抱怨,觉得学校害了他,竟然让他两门课不及格。

最终他的结局是:上了四年大学,却没有拿到毕业证。

后来,经过家里人帮忙,他也找到了一份不错的工作。不过他在那个工作岗位上只坚持了三个月便逃之夭夭。之后他便开始频繁地跳槽,每份工作都干不了多久,而且他跳槽的理由只有一个:老板很蠢,同事不好相处。

如今十年过去了,当年的同学基本都在各自的领域有了不错的发展,只有那位同学彻底沦落为一名无业人士,在同学会上求着大家给他介绍工作。

看着他那副畏畏缩缩又不甘落魄的样子,我们大为感慨,他怎么就走到了这个地步!

俗话说,人生不如意之事,十之八九。

发生在我们身上的事,很多都不是称心如意的。人人都是意外情况的"受害者"。正因为如此,这个世界上才充满了抱怨。

但是，习惯抱怨的人几乎都在做同一个白日梦：不需要付出太多努力，就能享受美好的生活。他们常常低估了生活的艰难，总觉得自己付出了很多，收获得却很少，于是怨天尤人。

尤其是对于那些自身条件原本就不错的人来说，他们认为自己应该过更好的生活，因为相比周围的人，他们有着出众的优点。但是他们忽视了一点，那些表面看起来不如他们的人，可能具有更强大的内心，更懂得吃苦，也更成熟。

抱怨反映出的其实是一个人心理上的不成熟。

每个人在现实生活中都有糟糕的一面，可是在面对它的时候，有的人选择了抱怨，于是收获了痛苦而失败的人生；有的人选择了积极改变，最终改变了自己的境遇。

当我们开始有了抱怨的行为时，其实是把导致自己陷入困境的原因指向了外界，从而获得一种假性优越感，好像自己比抱怨的对象更高级。这样做的目的，一方面是让自己的自尊心避免受到威胁，另一方面是自己可以不用承担责任。

从我的那位同学的故事中可以看出，仅仅是当年入学后理想和现实的落差，就使得他一直没能调整好心态，从此找不到前进的方向。

看看周围那些浑身散发着负能量的刻薄的人，在他们的世界里，似乎总有人对不起他们。他们整天长吁短叹，认为自己怀才不遇，最终只能平庸地度过一生。

习惯抱怨的人总是过度关注负面的事物和感受，不断放大生活中遇到的每一个问题的严重性，将自己囚禁在"悲惨"的牢笼里，无法逃脱。甚至当有人试图去解救他们时，还会引来他们的不满和责备。

生活是很公平的，如果你总是抱怨、总是悲观厌世，命运就一定会如你所愿，最终给你一个惨淡的下场。

/ 具备自爱能力,你才能享受爱情 /

很多人都有过失败的恋爱经历,在一段恋情终结的时候,难免会感到痛苦。对于一些人来说,分手造成的伤害似乎总是比别人受到的伤害大,以致他们长久地深陷在这种痛苦中走不出来,有的甚至终生都走不出来——陷入拒绝再恋爱的冷漠中,再难敞开自己的心扉,接受别人的追求。更有甚者,会为情自杀。

还有一种人,他们会陷入一种"恋爱—受伤—恋爱—受伤"的死循环里,每一次都被爱情伤得体无完肤。

总之，不少人在"为爱受苦"。

我的一位女性朋友就身陷这样的处境中。多年以来，她似乎总是在"为爱受苦"，情感之路一直不顺。每段失恋的经历都对她造成了相当大的打击，而她难以依靠自己的力量摆脱这种痛苦。

在现实中也有另外一些人，分手似乎并不会让他们产生痛苦之情。那么，同样是分手，为什么对于一些人来说痛苦不堪，而对于另外一些人来说却没有多大的影响？

对于"为爱受苦"的人来说，恋爱具有功能上的意义：证明"我是好的""我是值得被爱的"。他们特别需要别人的爱，如果一旦不被爱，就会引发他们潜意识里的"不被爱"的创伤。总之，在他们的内心里，恋爱等于被爱。因此，一旦分手，他们就认为自己丧失了被爱的价值，附着在"被爱"之上的自我就会受到重创，从而对自己造成很大的伤害。

对于另外一些人来说，他们没有为恋爱附着过多的意义，恋爱就是看相处得舒不舒服、快不快乐，如果不舒服、不快乐，那就终结；如果舒服、快乐，那就继续。

毫无疑问，后者更具备自爱的能力。与依赖别人相比，他们更依赖自己，所以他们更会照顾自己、爱自己。即使对方收回了对他们的爱，他们依然有自己的爱做支撑，虽然会难受一时，但不至于自我坍塌、破碎。

区分这两种人很简单，就是观察其有无自爱的能力，但也牵扯到心理发育或者心智发育的不同阶段的问题。那些没有发展出自爱能力的个体，就不具备处理亲密关系破碎带来的冲击的能力。

大多数"为爱受苦"的人，其实心里也都懂得一个道理：每次失恋后，让自己痛苦不堪的实际并非对方，而是自己心中关于理想爱情的幻灭。

他们在恋爱中并不关注对方真实的一切，只关注对方是不是爱自己，以及有多么爱自己。似乎只要对方足够爱自己，自己就是足够好的。他们总是根据对方对自己的反馈来确认"自我"的好坏。因此，对于他们来说，亲密关系的破裂意味着自我的坍塌。

3

每个人在婴儿时期都具备全能自恋的心理，觉得自己是无所不能的，只需一动念头，世界（其实是妈妈或其他养育者）就会按照自己的意愿运转。

但一个人在逐渐长大的过程中，需要不断面对现实世界中的各种挫折，他的全能自恋心理就会不断受到挑战。如果这些挫折在他能够承受的范围内，他就能逐渐从全能自恋状态中走出来，开始接纳现实中的不完美，进而发展出应对现实的能力，以及一个内聚性的自我。

当一个人改变了完全依赖外界满足自己的模式，学会了自我照顾、自我关怀，也就学会了自爱。

还有另外一种情况，有的人在全能自恋阶段遭遇了很大的挫折，外界并没有给予他们足够的支持和共情，他们也就没有能力从全能自恋状态中走出来。如此，他们的心理发展就会停留在这一阶段，即停留在"全能幻想"里。所以他们长大以后，每次谈恋爱时都会把这种"全能幻想"继续投射到恋爱对象身上。

可以说，一个人的自爱能力正是为了应对现实中的不完美而发展出来的。但是，在成长过程中遭遇过重大挫折的人，其自爱能力的发展很可能会受到影响，以致他们终日沉溺于幻想中。

那些在恋爱中反复受伤的人，其实是一次次地被自己的幻想所伤。

"为爱受苦"的人缺乏自爱能力，因此才表现出到处"找爱"的行为。他们认为"爱"就意味着"被爱"，这种行为的背后隐藏的正是其自我认可能力缺乏的问题，也就是他们没有解决好"我够不够好""我值不值得被爱"的问题。所以一旦失恋，他们就会沉浸在"为什么我总是得不到爱"的负面情绪里。

在很多痴缠型的关系里，当事人看上去无比痴情，但这并不能说明他们有多么爱对方，因为他们想要解决的仅仅是自己的需求。

越是缺爱的人，越执着于对外索取，但这只会让他们更加受伤、更加绝望。

  一个"为爱受苦"的人，只有认真梳理自己的成长经历，修复自己早年的心理缺失，才能发展出一定的自爱能力。一个人只有具备了自爱的能力，才能更好地享受爱情。

/习惯性否定别人,不过是缺乏自我/

有时我会通过观察一个人对待别人的态度来判断他未来的成就。

我发现生活中总有这么一种人,他们似乎很善于发现别人的缺点,很少夸赞别人,从他们嘴里说出来的永远都是对别人的否定。

我曾一度被这种人蒙蔽,觉得他们很有洞察力。

直到后来,我发现不懂得夸赞别人其实是一种病。这种人看上去很强大,实际上内心卑微至极,很多时候他们正是通过不停地否定别人掩饰自己的卑微、弱小。他们为了掩盖相形之下自己的缺点，不惜扭曲事实、欺骗自我，反复地告诉自己：优秀的人也有很多缺点，并以此给自己打气，甚至获得一种自己比别人优秀的虚假的优越感。

在我看来，现实生活中很多人之所以不能成功，就是因为他们把自己的精力过多地用于虚假优越感的获取上。他们不愿意面对某些真相，就会采用逃避、歪曲、否认以及幻想等方式进行自我欺骗。

当事人往往很难觉察出这种自我欺骗，于是固执地生活在一种虚假的优越感之中。久而久之，这种自我欺骗就成为其习惯性的行为。

一个人最大的悲哀或许不是被别人欺骗，也不是欺骗别人，而是自我欺骗。

总是通过否定别人来获取优越感的人，早年一定有着大量"攀比"的经验。或许他们曾经屡屡被拿来与别人比较，却很少得到外界的认可，这种经验让他们变得自卑懦弱。他们从这种负面的经验中习得了一种变态的行为模式：既然每次我都比不过别人，那干脆率先找出别人的缺点，暴露别人的短处，让别人的长处显得不那么耀眼，这样就不至于让自己太难堪。

习惯性否定、鄙视别人，其实是一种自我保护的策略。有的人通过使用这种策略，能够形成一种"我很强大"的错觉，因为他们内心对自己有着太多的否定，急需通过否定别人来获取积极的自我信念。相反，懂得肯定别人的人，一定在以往的经历中得到过外界的很多肯定，因此他们对自己没有怀疑，也就不需要浪费精力去维护虚假的自尊。

习惯性否定别人的人，时刻处于"与人比较"的关系模式里。他们总是盯着别人，然后在内心不断地拿自己与别人进行比较。这种关注别人的倾向，让他们没有时间去审视自我、觉察自我的真正需求。从某种意义上来说，他们的一生都在为别人而活。

如果你也是一个习惯性否定别人的人，那么你必须意识

到，你时刻关注别人并不是因为别人需要你，而是因为你需要别人，只是在理性上你意识不到自己的目的。总是需要别人来帮助你确立自我，这说明你离不开别人这个参照物，对自己也并不了解。

而那些被你关注的人，一定有其过人之处值得你学习。你只盯着别人的缺点，却忘记了一个简单的道理：别人的缺点跟你没有什么关系，倒是你自己的缺点跟你的关系很紧密。遗憾的是，习惯性否定别人的你完全无视这个道理。

可能因为经历过太多的自我内耗，你已经没有充足的精力用来反思自己。你时刻处于一种"自保"的状态：防范自己被别人比下去。

你总是盯着别人的缺点，而不思考自己有哪些可以提升的空间。你只顾维持虚假的自我满足感，自然就不可能取得真正的成长和进步。

习惯性否定别人，是一种既愚蠢又痛苦的心理病。

之所以说它是一种愚蠢的病，是因为一个人到底是有多傻，才会整天盯着别人！他是有多么轻视自己啊！

之所以说它是一种痛苦的病，是因为一个人如此热衷于寻找别人的缺点、否定别人，是有多么想证明自己没有那么差？一个人因为不敢面对别人的长处，才会使劲盯着别人的短处。但是世界上每个人都有自己的长处，如果不敢面对别人的长处，用别人的长处惩罚自己，那不是自找苦吃吗？

虽说逻辑简单，但是很多人却迷失其中。他们采取自欺欺人的策略，拼命地去寻找别人的短处，以此避免审视自我。然而，这种自我安慰的策略用多了，对于现实毫无益处，除了让你无法获得成长，还会染上一身戾气。"毒舌"的你，注定到哪里都不能讨人喜欢，甚至让人避之不及。

5

一个人如果总是通过否定别人来获取优越感，那么他在现实中就会止步不前，他的成就也就无从谈起。因为当他拼命地去为自己建构一个虚假的世界时，自然就没有多余的精力用于建设真实的自我世界了。

有些人为了完成虚妄的自我满足,简直走火入魔,不惜和人发生冲突,通过使用暴力、争斗的方式"自保",就像提着炸弹的暴徒一样,冲到别人的生活里威胁别人。

还有些人会进行自我攻击,他们不是提着炸弹去炸别人,而是炸自己。他们没想过如何提升自己,而是陷入自虐的困境里,从而导致焦虑、社交恐惧,甚至抑郁。

究其原因,都是关注别人太多,而关注自己太少,或者说一直在用别人的坐标系审视自己。

一个人的内心到底有多卑微,才会在别人身上寻找生存的空间?才会为了维持一个虚假的自我感觉而不惜投入血本?

遗憾的是,在现实生活中,有太多的人扬扬得意于对别人缺点的察觉。他们的心智水平相近,彼此互相鄙视,互相找碴儿,互相找存在感,并且乐此不疲。

心魔即障碍。心魔如果不除,人就很难获得幸福。一个人被心魔控制的程度，反映了他心智水平的高低、心理能量的强弱。

很多时候，我们不能怪幸福离自己太遥远，而是因为我们自己心智低劣，所以才无法获得幸福。

/ 不回避悲伤，你才能更好地成长 /

1

我的一位来访者小A，最近一年以来，她的精神状态很差，每天情绪异常低落，焦虑得睡不着觉。这也直接影响了小A的工作，单位连续两次考核，小A都不达标。小A很想调整状态，让自己好好投入工作中，奈何心有余而力不足，怎么也无法打起精神工作。

通过和小A聊天我才得知，一年前，她生命中一位重要的亲人——她的外公因病去世。从此之后，小A就进入了精神萎靡的状态。

对于每个人来说，悲伤都是一种很重要的情感。当我们在生活中遭遇一些变故时，比如失恋、离婚、失业，或者亲人离世、朋友背叛、升职失败等，我们都会表现出不同程度的悲伤。此时，表达悲伤是我们正常的心理反应，也是我们处理负性（负能量性质）生活事件的本能反应。

但是，一个人如果在遭遇挫折或者重大变故的时候不允许自己悲伤，就容易出现严重的心理问题。

小A就是这样一个不允许自己悲伤的人。

小A对悲伤这种情绪怀有很强烈的羞耻感，觉得做人应该理性、坚强一些，不能脆弱。她的外公也是一个坚强、理性的人，外公在世的时候屡次告诫小A，面对挫折要坚强，要做一个内心强大的人。所以外公去世后，小A反复告诫自己要坚强，甚至连丧假都没有请，一直埋头工作，以此告慰外公的在天之灵。

小A以为自己这样做就可以挺过这段艰难的时光，没想到却抑郁了。

现实生活中,像小A这样的人不在少数。

很多人在遭遇负性生活事件时,都强迫自己坚强面对,结果却长久地陷在抑郁的状态里走不出来。这是因为展示悲伤是我们内心一种健康的运作机制,也是心理的一个重要功能:通过悲伤,我们才能完成和负性事件的分离,告别过去,重新出发。不允许自己悲伤,就无法完成这种分离,然后陷在消极的状态里,从而导致抑郁。

表达悲伤,在人的心理上至少具备三个层面的功能:

(1)情绪、情感的宣泄

我们的情绪、情感就像水流,每天都在不停地流动。一些负性生活事件的发生,会引发我们情绪、情感上的疼痛和哀伤,这是一个很正常的过程。只有允许悲伤宣泄出来,我们的情绪、情感才不会被堵塞,才会逐渐恢复正常状态。

（2）完成分离

不管是失恋、离婚、失业，还是亲人离世、朋友背叛、升职失败等，都意味着一个人在心理上被迫与所爱之人或物发生分离，意味着之前所拥有的一些美好的东西将不复存在。这时候，表达悲伤就能帮助我们在心理上完成某种分离。在中国传统文化中，亲人去世要举行隆重的哀悼仪式，允许人们悲伤。实际上，这便是一种非常有必要的完成分离的仪式。

（3）能够促进我们人格的成长

"失去"能够带来启发，刺激我们重新思考生活的意义，每个人在成长的过程中都会面对各种各样的"失去"。我们从依赖状态的婴儿逐渐成长为独立的成年人的过程，就是不断"失去"的过程。只有接纳"失去"，我们才会成长。

托马斯·卡莱尔说过："未哭过长夜者，不足以语人生。"

为什么有的人会不允许自己悲伤？

上文提到的小A，在她的成长过程中，每次遇到挫折想哭的时候，她的家人总是告诉她："不要哭，只有弱者才会哭。"

在这样的环境中长大，小A逐渐认同了家人的观点：无论遇到什么不开心的事儿，都不能哭，因为脆弱是一件羞耻的事情。因此，她从小到大都很少哭，更不会在别人面前哭。

久而久之，小A成了一个不会宣泄自己负面情绪的人。当然，她也很难体会到正面情绪，虽已变得足够理性与强大，却也变得麻木了。

实际上，悲伤和脆弱从来不是坚强的反义词，因为允许自己悲伤的坚强，才是有弹性的坚强、真正的坚强。

那些不允许自己悲伤的人，往往压抑着很多真情实感，最终很有可能造成情绪崩溃。

悲伤不代表羞耻，更不代表软弱。一个人真正的坚强是以内心的成长为基础的，而这种成长需要悲伤的参与。

还有一些人，他们之所以不允许自己悲伤，是因为他们在理智层面觉得不值得自己悲伤。比如有的人在爱情或者友情中遭遇了背叛，会反复告诫自己不值得为人渣难过，但实际上，他们中的很多人还是进入了抑郁状态。在理智上能想得开自然很好，但在情感上我们不得不面对的现实是：我们还是会难过，还是会悲伤，还是要面对"失去"。这原本是一种本能反应，我们却试图启用理智化的防御策略去化解悲伤，防止自己的自尊受损：

"我竟然为了一个人渣而难过，实在是太愚蠢了！"

"我竟然会和那种人交朋友，真是瞎了眼！"

实际上，任何一段投入真情的关系，在破裂的时候都会引发我们情感上的悲伤，那绝不是理智可以消解的。我们只有允许自己悲伤，才能完成真正的分离。

越是不允许自己悲伤的人，就越容易陷在痛苦的往事里纠缠不清，因为他在心里还是不允许往事翻篇。

4

伤口需要被看见，才能愈合。

既然负性生活事件的发生使我们内心产生了伤痛，我们就需要看到自己心灵被伤害的部分。

我们要看到自己脆弱的部分、难过的部分，并且接纳它们，要允许自己在受伤后难过、软弱，甚至痛苦。

我们要静静地跟自己的悲伤待在一起，不去干预它，不去强迫它离开，不把它视为耻辱；允许自己有无力、无能的一面，像陪着一个受伤的小孩，允许自己痛快地哭泣、悲伤，给予自己拥抱、理解和陪伴，这也是自我关怀的重要部分。

我们要学会关心自己、爱自己。越是这样做，我们才能越快地从悲伤里走出来，同时获得成长，变得更加坚强。

当负性事情发生时，千万不要用理智的、讲道理的方式对待自己的悲伤，因为我们此时缺的只是一个拥抱。